国家出版基金项目
NATIONAL PUBLICATION FOUNDATION
有色金属理论与技术前沿丛书

弱化胎体耐磨损性的金刚石钻头

DIAMOND BIT WITH ARASIVE RESISTANCE WEAKENING MATRIX

王佳亮　张绍和　著
Wang Jialiang　Zhang Shaohe

中南大學出版社
www.csupress.com.cn

中国有色集团

内容简介

Introduction

本书系作者近年来针对金刚石钻头在坚硬致密弱研磨性地层钻进打滑问题的部分研究成果。其中详细介绍了近年来国内外孕镶金刚石钻头的研究进展，展开了对弱化胎体耐磨损性钻头的研究，探讨了钻头的参数设计对胎体耐磨损性能的影响规律，总结了弱化胎体耐磨损性钻头的碎岩机理。本书通过弱化胎体的耐磨性能研究以提高钻头钻进效率，并为在金刚石钻头设计中的推广这一新的思路提供了理论支撑。本书可供钻探工程、地质工程专业大专院校师生和相关生产单位的技术人员使用。

作者简介

About the Author

王佳亮　男，1986年生，博士，现为湖南科技大学海洋矿产资源探采装备与技术工程实验室讲师。主要从事金刚石碎岩工具、绳索取芯钻具、深海取样设备等方向的研究与教学工作。参与多项纵向及横向课题，已在《有色金属学报》《地球科学：中国地质大学学报》《中南大学学报》《粉末冶金与材料科学工程》*Journal of Central South University* 等核心期刊发表论文数篇。

张绍和　男，1967年生，博士，中南大学教授，博士生导师。主要从事钻探工程、超硬材料与制品、基础工程等方面的教学和科研工作。先后主持和参加国家级、省部级及其他科研项目30余项，发表学术论文110余篇，出版专著和教材10部，获得授权和申请专利40余项。

学术委员会

Academic Committee

国家出版基金项目
有色金属理论与技术前沿丛书

编辑出版委员会

Editorial and Publishing Committee

国家出版基金项目
有色金属理论与技术前沿丛书

总序 / Preface

当今有色金属已成为决定一个国家经济、科学技术、国防建设等发展的重要物质基础，是提升国家综合实力和保障国家安全的关键性战略资源。作为有色金属生产第一大国，我国在有色金属研究领域，特别是在复杂低品位有色金属资源的开发与利用上取得了长足进展。

我国有色金属工业近30年来发展迅速，产量连年来居世界首位，有色金属科技在国民经济建设和现代化国防建设中发挥着越来越重要的作用。与此同时，有色金属资源短缺与国民经济发展需求之间的矛盾也日益突出，对国外资源的依赖程度逐年增加，严重影响我国国民经济的健康发展。

随着经济的发展，已探明的优质矿产资源接近枯竭，不仅使我国面临有色金属材料总量供应严重短缺的危机，而且因为"难探、难采、难选、难冶"的复杂低品位矿石资源或二次资源逐步成为主体原料后，对传统的地质、采矿、选矿、冶金、材料、加工、环境等科学技术提出了巨大挑战。资源的低质化将会使我国有色金属工业及相关产业面临生存竞争的危机。我国有色金属工业的发展迫切需要适应我国资源特点的新理论、新技术。系统完整、水平领先和相互融合的有色金属科技图书的出版，对于提高我国有色金属工业的自主创新能力，促进高效、低耗、无污染、综合利用有色金属资源的新理论与新技术的应用，确保我国有色金属产业的可持续发展，具有重大的推动作用。

作为国家出版基金资助的国家重大出版项目，"有色金属理论与技术前沿丛书"计划出版100种图书，涵盖材料、冶金、矿业、地学和机电等学科。丛书的作者荟萃了有色金属研究领域的院士、国家重大科研计划项目的首席科学家、长江学者特聘教授、国家杰出青年科学基金获得者、全国优秀博士论文奖获得者、国家重大人才计划入选者、有色金属大型研究院所及骨干企业的顶尖专家。

国家出版基金由国家设立，用于鼓励和支持优秀公益性出版项目，代表我国学术出版的最高水平。“有色金属理论与技术前沿丛书”瞄准有色金属研究发展前沿，把握国内外有色金属学科的最新动态，全面、及时、准确地反映有色金属科学与工程技术方面的新理论、新技术和新应用，发掘与采集极富价值的研究成果，具有很高的学术价值。

中南大学出版社长期倾力服务有色金属的图书出版，在“有色金属理论与技术前沿丛书”的策划与出版过程中做了大量极富成效的工作，大力推动了我国有色金属行业优秀科技著作的出版，对高等院校、研究院所及大中型企业的有色金属学科人才培养具有直接而重大的促进作用。

王淀佐

2010 年 12 月

前言

Foreword

我国热压孕镶金刚石钻头的研制始于20世纪60年代，经历了五十余年的发展历史。由于热压孕镶金刚石钻头的性能可调范围广，钻进效率高，对岩石的适应能力强，故被广泛应用于地质找矿、工程勘查、建筑工程等领域。但是，在钻进过程中遇到坚硬致密弱研磨性岩层的情况非常普遍，热压孕镶金刚石钻头在该类地层钻进时易出现打滑不进尺的现象，极大地影响了钻头的钻进效率。因此，研究解决金刚石钻头在该类地层钻进中打滑的问题仍然十分必要。

本书提出了一种弱化钻头胎体耐磨性的设计思路。该思路将胎体耐磨性弱化元素以硬质颗粒的形式添加至钻头胎体中。由于耐磨性弱化颗粒具有一定的强度且与胎体的黏结力较弱，在钻进的过程中易于从胎体表面脱落，增加了钻头唇面的粗糙度。此外，残留孔底的耐磨性弱化颗粒与岩粉共同研磨胎体，提高了岩粉的研磨能力，达到了促进金刚石的新陈代谢速度、提高钻头钻进效率的目的。本书展开了以下研究工作：

1. 从胎体配方、钻头切削齿结构、金刚石参数、钻进仿真分析、钻头制作工艺及设备研究等方面详细介绍了国内外孕镶金刚石钻头的研究进展；阐述了进行胎体耐磨性弱化研究的重要性，明确了主要的研究内容，确定了研究思路和拟采用的技术路线。

2. 结合坚硬致密弱研磨性地层的特点，总结了金刚石钻头的碎岩机理；探讨了孕镶金刚石钻头的参数设计规律，为弱化胎体耐磨性的钻头设计提供了理论基础；提出了一种室内微钻试验台的改造方案，该方案在现有钻机的基础之上对其进行了自动化改造，满足了室内钻进试验的技术指标要求。

3. 采用混合试验和极端顶点试验法对钻头胎体配方进行了优化，结果表明：当含 WC 50%、Ni 2%、Co 7%、Mn 5%、663 Cu 26% 时，胎体配方硬度达到最高值，预报值为 HRC 42.91。对其进行优化验证性试验，所测硬度为 HRC 42.3，与预报值基本吻合。对胎体耐磨性弱化颗粒材质进行了优选，借助扫描电镜等技术手段对胎体磨损形貌进行观察，分析了不同材质弱化颗粒对胎体耐磨性能的影响，结果表明：30/35 目的 SiC 颗粒作为胎体耐磨性弱化颗粒较为合适。综合考虑金刚石粒度、浓度，胎体弱化颗粒浓度及胎体硬度设计正交试验对钻头性能进行优化，结果表明：胎体硬度 HRC 25，金刚石粒度 40/50 目、金刚石浓度 55%，胎体弱化颗粒浓度 30% 为最优的参数组合方案。对钻进工艺参数对钻进性能的影响进行了研究，结果表明：在相同主轴转速条件下，随着轴向力的增加，单孔钻进时间减少，钻进效率提高，但是其轴向压力不宜超过 3.5 MPa。在相同轴向压力的条件下，主轴转速的提高，能够在一定范围内提高钻进效率，其主轴转速以 750 ~ 850 r/min 为宜。

4. 基于 ANSYS/LS - DYNA 有限元数值模拟软件，建立了钻头与岩石的受力模型，模拟了金刚石钻头的碎岩过程，研究了钻头切削齿结构对钻进性能的影响。结果表明：在相同钻进参数条件下，平底型钻头和同心环齿型钻头在钻进初期沿旋转方向切削齿前缘出现应力集中现象，花齿型钻头未出现明显的应力集中；平稳钻进过程中，切削齿唇面应力值分布范围以花齿型最均匀，同心环齿型其次，平底型最差；所有齿型钻头在钻进的后期均会不同程度地出现内外径边缘靠近水口部位应力集中的现象且应力值较大；花齿型钻头的首次大位移下降时间点分别较平底型钻头和同心环齿型钻头提前了 0.00047613 s 和 0.00037823 s；对比在 0.00017199 s 时的岩石应力分布图中 1.5×10^{8} Pa、1.05×10^{8} Pa、6.0×10^{7} Pa 应力值的分布面积，发现同心环齿钻头较平底型钻头岩石表面应力分别提高了 10%、23%、72%，花齿型钻头岩石表面应力值较平底型钻头分别提高了 169%、41% 和 140%。钻进效率预测结果为：花齿型钻进效率最高，同心环齿型钻头其次，平底型钻头最差。

5. 试制了胎体耐磨性经弱化处理的金刚石钻头，并在江西某矿区进行了两轮现场钻进试验。分析了试验结果，完善和补充了弱化胎体耐磨性的金刚石钻头碎岩机理。结果表明：胎体耐磨性经弱化处理的钻头在石英含量极高的地层中钻进时，钻进时效较普通钻头提高了64%，钻头寿命较常规钻头略有下降，但仍在使用要求之内；胎体耐磨性经弱化处理的钻头其切削齿齿型结构不宜设计过于复杂，以同心环齿型设计为宜；相比于室内钻进试验阶段优化得出的最优设计方案，现场钻进试验的胎体弱化颗粒浓度最优设计值要低于室内钻进试验阶段的设计值，以金刚石浓度62%、胎体弱化颗粒浓度25%为宜；钻头钻进效率的提升主要是由于弱化颗粒能够促进金刚石出刃高度的增加及加快金刚石新陈代谢速度，以耐磨性弱化颗粒本身在胎体中的造坑能力及残留孔底增加岩粉研磨能力为辅。

研究工作得到了中南大学地球科学与信息物理学院、材料科学与工程学院、机电工程学院等单位测试部门的支持和协助。感谢佳顺超硬材料有限公司在试验原材料上提供的帮助；感谢福建省121地质大队为钻头野外试验提供的支持与帮助；感谢杨昆、谢晓红在试验阶段给予的无私帮助；感谢吴有平博士及汪洋博士对试验方案提供的宝贵建议；著作中还引用了前人的研究方法和研究资料。本书的出版得到了中南大学创新驱动项目的资助，在此一并表示诚挚的感谢！

由于作者水平有限，时间仓促，加之试验与检测设备尚不够完善，本专著中可能存在某些问题和不足，敬请读者批评指正。

王佳亮

目录

Contents

第1章 绪 论

1.1 研究意义

矿产资源是国民经济和社会发展的重要物质基础。“十二五”以来，为缓解我国经济社会持续发展与矿产资源供给的深层次矛盾，增强资源勘探对国家经济安全的保障能力，我国陆续实施了危机矿山接替资源找矿、攻深找盲和深部找矿等多项重大行动，找矿突破上升到国家战略层面，对全面建设小康社会宏伟目标的实现具有重要意义[1-2]。地质找矿的深度已从过去浅部、中深部转向深部勘探(1000 m以深)，以寻找隐伏矿与深部矿的“第二找矿空间”为主要目标[3]。在深部找矿工作中，以三大专业为技术支撑，即“地质出思路，物探圈靶区，钻探作验证”，钻探技术在深部找矿中已显得尤为重要[4]。

通过钻探手段直接从地下深部获取岩矿芯，是评价矿产资源储量的直接方法。要有效获取岩矿芯则要求钻头必须具有优良的性能，而特殊地层对于钻头的性能要求更高[5]。坚硬致密弱研磨性岩层俗称“打滑”地层，其地层特性主要包含以下几个方面：①岩石硬度大，石英含量高；②岩石强度高，造岩矿物细；③岩石研磨性弱，岩粉少且细。在该岩层钻进时金刚石难以切入岩石，出刃的金刚石在不大的钻压条件下很快钝化、破裂，新的金刚石难以出刃，容易出现钻进中的打滑现象，钻进时效极低[6-7]。

随着我国“十二五”期间找矿向深部的发展，钻进坚硬致密弱研磨性岩层的几率和比例提高。因此，研究解决金刚石钻头在该类岩层钻进时的打滑问题极其必要，该难题的解决也对保障“十二五”期间我国深部找矿突破战略行动顺利进行具有非常重要的现实意义。

本书所研究项目的科学意义在于：针对坚硬致密弱研磨性岩石的可钻性，通过对弱化胎体耐磨性钻头的设计参数规律及其碎岩机理展开研究，建立弱化胎体耐磨性钻头参数设计合理性判断模型，力争解决钻头在坚硬致密弱研磨性岩层钻进时的打滑问题，为使弱化胎体耐磨性设计思路进一步推广至其他金刚石碎岩工具提供理论及模型依据。

1.2 基于打滑地层的金刚石钻头研究现状

我国金刚石钻头制造始于20世纪60年代。60年代末开始研究无压浸渍法、冷压浸渍法。70年代初，热压法制造金刚石钻头技术通过冶金部、一机部、国家地质局的联合鉴定，开始生产并投入使用。1976年无压浸渍法制作的钻头通过了国家地质总局的鉴定；1977年电镀金刚石钻头技术通过了国家地质总局的鉴定[8-10]。自打滑现象成为钻进坚硬致密弱研磨性岩层的主要矛盾以来，国内外科研人员对解决钻进时钻头打滑问题进行了多方面的研究。主要集中于人工出刃方法研究、钻头胎体配方研究、钻头唇面结构研究、钻头金刚石参数研究、计算机仿真分析、钻头制作工艺及生产设备创新研究等几个方面。

1.2.1 人工出刃方法研究

人工出刃法是指在每回次钻进前人工研磨钻头胎体迫使金刚石出刃的一种方法[11]。该方法作为一种辅助应急性方式在解决钻头打滑现象时具有一定效果。目前常用的人工出刃方法主要有：喷砂法、酸蚀法和研磨法[12-13]。

①喷砂法是指利用高压空气或水介质，以金刚石为磨料，锐化钻头唇面的方法。该方法的优点在于喷砂均匀有力，钻头出刃效果好。由于喷砂作用仅发生在钻头表面，对胎体的损害程度不大，不影响钻头的内外径，对钻头寿命影响较小。

②酸蚀法是指利用酸与钻头胎体中的Cu基成分发生化学反应，酸蚀胎体迫使金刚石出刃。酸蚀法的优点在于现场操作方便，无需添加设备，效果明显。但是应注意控制酸蚀时间和深度。由于毛细管现象，在酸蚀的过程中，钻头的内外径也受到酸蚀作用，易造成钻头外径减小，增加后续钻头的扩孔量；内径增大，造成卡簧配合不吻合。

③研磨法是指利用强研磨性物质研磨钻头胎体，使金刚石出刃的方法。通常分为孔口石墩研磨和孔内投砂研磨两种方式。孔口石墩研磨是将研磨性较强的岩石或混凝土浇筑成石墩置于孔口。然后将钻头通过异径接头接于主动钻杆上，大钻压，慢转速，研磨开刃。孔底投砂法是指为了增加冲洗液固相颗粒的研磨能力，有意识地向孔内投放磨料，促进钻头的出刃。该方法简单、易行，使用时应注意控制研磨料的投放数量。若冲洗液中固相含量过高，易导致钻杆和钻具的非正常磨损。

1.2.2 胎体配方研究

钻进打滑地层时，为了加快钻头胎体磨损，提高金刚石新陈代谢速度，提出了降低胎体硬度的设计思想。侯传彬、郭铁峰等人对我国经典的63号钻头胎体配方进行了优化验证，获得了理论认识，并依此对配方改进提出了建议[14]。刘志环等人对比了 WC－Cu 配方体系和 WC－663Cu 配方体系的烧结性能，研究表明：在相同烧结温度下，WC－Cu 基胎体比 WC－663Cu 基胎体的相对强度损失率要低，更有利于把持金刚石，提高单颗粒金刚石的利用率[15]。由于 663 青铜合金中含有 Pb，Pb 在液相时容易偏聚，降低铜合金的强度，出现“热脆”。此外，基于环保角度考虑，国内外逐渐减少了对铅的使用，开发出了 660 青铜，广泛应用于地质钻头的生产[16]。邹德永等人的研究表明，在低耐磨性胎体钻头的设计中，加入适量的钨，可以大幅降低胎体硬度。加入 15% 的钨，胎体适合于致密、低研磨性岩层的钻进；加入 30% 的钨，适合于坚硬、低研磨性打滑地层的钻进[17]。

近年来研究表明在胎体配方中，加入稀土元素或非金属元素，可改变胎体的力学性能。稀土元素在金属胎体中的作用机理可归纳为：与胎体中的硫、氧、氮等杂质元素反应，抑制偏析，净化金刚石与胎体的反应界面；烧结过程中还原金属表面化合物，降低氧化膜对原子扩散的障碍，促进烧结过程，起到活化烧结和类似预氧化的作用；促进胎体中碳化物形成元素与金刚石之间的反应，改善金属胎体和金刚石的结合状况[18]。稀土元素 La、Ce 等具有极好的性能调节作用，其加入量一般为0.5% ~1%。研究表明，胎体金属中加入稀土元素可以起到降低胎体的耐磨性、提高胎体的抗弯强度、降低合金熔点以及细化晶粒等作用[19]。

非金属添加元素近年来逐渐成为胎体配方研究的热点之一。微量非金属元素 Si、B、P、石墨粉等的加入，可以改善胎体材料的性能。Si 有较强的脱氧能力；B 可提高胎体耐磨性、增加胎体与金刚石的结合强度等；在胎体中加入适量的 P 和 Si 均能降低 Cu 合金的熔点，使铜合金能在较低的温度下浸润金刚石[20]。潘秉锁等人进行了石墨对胎体性能影响的研究，结果表明：添加石墨后，胎体的耐磨性随石墨含量的增大先增强，后下降[21]。宋月清等人提出了胎体弱化理论，研究发现非金属元素对于降低铜基合金胎体的耐磨损性能非常有效[22]。

近年来国内外科研人员对 Fe 基胎体配方展开了大量研究。Zak－Szwed M 等人提出的 Fe－Cu 基胎体配方，硬度在满足使用要求的前提下较 WC 基胎体有所下降，有利于金刚石的自锐，在坚硬致密地层使用取得了一定效果[23]。中国地质大学(武汉)公布了一种高磷铁基金刚石钻头的专利。在打滑地层钻进的钻头设计中，加入预合金形式的磷元素，可以起到活化作用，降低烧结温度，提高钻头综合性能[24]。黄垒、方小红等人对 Fe 基胎体配方的混料设计方案进行了研究，利用极端顶点设计和有约束的混料均匀设计这两种试验设计方法并进行对比分析，为开发新型金刚石钻头胎体配方提供了可靠的定量试验手段[25]。段隆臣等人提出了 WC－Fe 基胎体配方，为了提高钻头在坚硬致密岩层中的钻进效果并降低钻头成本，将传统的热压碳化钨基金刚石钻头胎体中的一部分 WC 用 Fe 替代，应用回归分析和规划求解，分别建立了硬度和耐磨性的回归方程，确定了最优的胎体硬度和耐磨性以及对应的胎体配方[26]。

20 世纪 90 年代中期，比利时 Umicore 公司首先提出了在金刚石工具中使用预合金粉末的概念，研发了 Cobolite HDR 预合金粉末，其为对金刚石具有极高把持力的高硬度、高韧性、高耐磨性(Cu、Co、Fe)系胎体[27]。1997 年法国的 Eurotungstene 公司相继推出 NEXT100、NEXT200、NEXT300、NEXT900 系列粉末[28]。德国的 Dr. Fritsch 公司在 Diabase - V 18（主要成分 Fe、Cu）预合金粉末基础上研究开发了 Diabbase - V21（主要成分 Fe、Cu、Co、Sn），它具有更高的延展性[29]。预合金粉末的应用方式也由单一品种的基础/专业预合金粉末与单质粉末混配应用，逐步向基础 + 专业预合金粉末或不同制备方法获得的预合金粉末间的混配应用过渡，尤其是细颗粒预合金粉末及单质金属粉末组合应用将是今后发展的重点方向。西班牙学者 M. del Villar 等以 Cu - Co - Fe 基预合金为胎体，分别采用热压烧结、无压烧结、等静压烧结工艺，制备金刚石工具，研究不同工艺条件下工具的致密化行为。结果表明：无压烧结后经等静压处理可得到全致密材料，胎体粉末中的金属氧化物在非还原气氛条件下抑制了烧结致密化[30]。印度学者 R. R. Thorat 等研究 Cu 含量和尺寸对 Cu - Co - Fe 基预合金胎体的烧结性能的影响，研究表明：随着 Cu 粉尺寸的减小或含量增加，胎体烧结性增强[31]。董书山等人的研究表明添加 2% 的 Sn 粉可以提高预合金胎体的脆性磨损能力，促进金刚石的快速出刃[32]。郑日升等人对亚纳米预合金粉进行了大量研究，研究表明在基础胎体配方中添加 20% 的亚纳米预合金粉可以提高胎体的综合性能[33]。刘宝昌将纳米铜粉应用于热压烧结钻头的生产，胎体在 700 ~ 850℃ 时达到致密化，有效降低了金刚石热损伤的几率。高科等人探讨研究了纳米镍粉对孕镶金刚石切削工具胎体性能的影响，结果表明在胎体中添加纳米镍粉能够减小温度对金刚石的影响，提高工具的力学性能[34]。

“细颗粒、高活性、易压制、稳定化、功能化”已成为金属粉料今后的发展方向。金属粉料的研发内容围绕“把持力”和“磨损性”两条主线展开，在成分设计、细化手段、活性控制、粒度分布、压制性调控方面展开创新研究，并深入开展胎体的微观结构、组织性能、烧结机制等与金属材料特性相关的基础研究，进而带动相关工艺装备的发展[35]。

1.2.3 金刚石钻头结构研究

针对坚硬致密弱研磨性地层的特性，近年来相关生产单位在常规金刚石钻头设计基础之上对钻头设计方案进行了改进和创新。蒋青光等人将钻头切削齿唇面设计成交错式，提高钻头回转钻进过程中的摩擦阻力，有利于胎体磨损[36]。杨俊德等人将切削齿唇面设计成可再生同心环齿型并进行了碎岩机理研究。由于切削齿唇面上的主工作层和副工作层存在耐磨性差异，钻进过程中切削齿唇面自动形成高低交错的同心径向环齿[37]。丁华东等人将切削齿的胎体硬度设计成三种，钻进时，由于胎体磨损程度不同，切削齿易形成高低交错形式，有利于残留岩粉，提高了钻头胎体的自锐能力[38]。谭松诚等人设计了一种针对打滑地层的复合孕镶金刚石钻头，如图1－1所示。其将切削齿含金刚石的部分单独烧结成正方体或圆柱型，再装配于石墨模具中，添加不含金刚石的非工作层烧结制作。该设计方案能有效减小钻头的唇面比压，提高了碎岩效率[39]。王恒等人研制了聚合粗颗粒金刚石钻头，如图1－2所示。将粒度较小的金刚石颗粒通过钎焊的方式聚合在一起形成粒度较大的聚合金刚石，形同一颗多晶粗粒金刚石。随着钻进的进行，小颗粒金刚石逐渐磨损、碎裂，直至脱落，聚合粗颗粒金刚石出现自锐现象，在打滑地层钻进时能够使钻头保持较好的钻进效率[40]。湖北长江精工的刘青等人将碳素材料添加至胎体中，使得在钻进过程中钻头底唇面形成孔穴，增加了钻头唇面粗糙度，有利于提高钻头在打滑地层的钻进效率[41]。李子章等人就金刚石在唇面上的分布形态对钻进性能的影响展开了研究，采用金刚石定位分布形式能够有效提高单颗粒金刚石的利用率，提高钻头的碎岩效率[42]。马银龙对金刚石定向排布钻头的制作工艺展开了研究并试制了金刚石定位仿生取芯钻头[43]。章文娇对钎焊金刚石有序排布钻头展开了研究及分析[44]。程文耿对金刚石工具有序排列设备进行了自主研发并研制了激光焊接式金刚石有序排布钻头，如图1－4(a)所示，并获得了多项专利授权[45]。Atalas Copco公司研制了主辅水口钻头，有利于胎体中心部分冷却，有效降低了钻头唇面拉槽的几率[46]。此外，减小钻头的唇面积，有利于碎岩效率的提高。

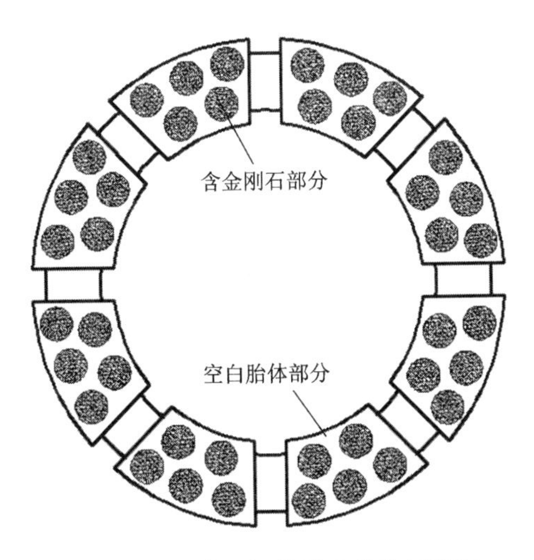

图1－1　复合孕镶体钻头结构示意图

Fig. 1－1　Compound impregnated

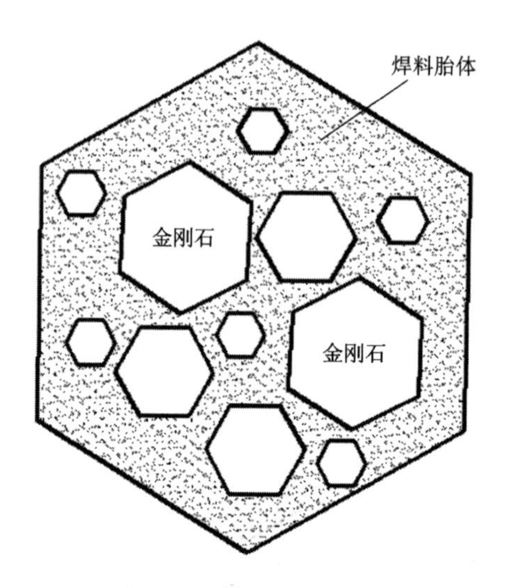

图 1-2 聚合粗颗粒金刚石示意图

Fig. 1-2 Polymerization diamond

中南大学的张绍和等人对弱包镶金刚石钻头展开了细致研究并申请了多项专利。弱包镶是指金刚石磨粒在胎体中包裹较弱。弱包镶钻头的基本原理是：采用一定的技术工艺在金刚石表面涂覆一层薄的弱包镶层。该层具有一定的强度及化学稳定性。涂覆弱包镶层的金刚石在胎体中处于较弱的包镶程度，其在钻进的过程中易于从胎体中脱落，如图 1-3 所示。通过调节弱包镶金刚石的厚度及弱包镶金刚石的浓度，达到调节金刚石自磨出刃的能力，解决钻头在坚硬致密地层钻进时钻头打滑的问题。

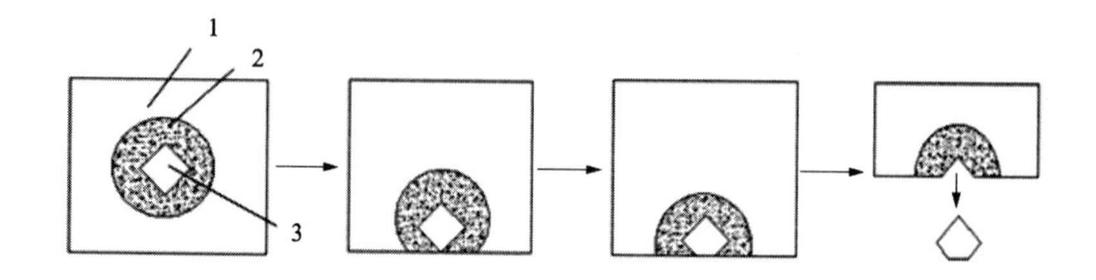

图 1-3 弱包镶金刚石工作原理

1—钻头胎体；2—弱包镶层；3—金刚石磨粒

Fig. 1-3 Working principle of weak-wrapped diamond bit:

(1) martix, (2) weak-wrapped layer, (3) diamond

吉林大学的孙友宏及其科研团队对钻头切削齿仿生非光滑形态进行了深入研究。将仿生耦合理论与孕镶金刚石钻头设计紧密结合起来，将生物非光滑表面的耐磨、减阻等特性引用到设计中，使切削齿唇面形成可再生凹坑型非光滑形态。利用 ANSYS 软件建立了切削齿非光滑形态与岩石的有限元模型并进行了数值分析，对非光滑形态唇面磨损机理进行了探讨，其研制的仿生非光滑钻头如图 1 - 4(b)所示[47]。目前该科研团队将仿生非光滑理论在钻探中的应用范围延伸到了钻具结构及 PDC 复合齿的设计领域。

近年来，为了提高钻头的使用寿命，国内外学者和科研单位对超高胎体钻头进行了细致的研究。Boart longyear 公司研制了多层水口的超高胎体钻头，胎体高度达到了 25.4 mm，如图 1 - 4(c)所示。该类钻头在加拿大萨德伯里盆地的坚硬、弱研磨性地层钻进，寿命达到 150 m，是常规钻头寿命的 3 倍[48]。北京探矿工程研究所研制的双层水口钻头，如图 1 - 4(d)所示。其胎体高度达到 12 ~ 14 mm，有效减小了下钻次数，取得了较好的经济效益。中科院勘探技术研究所、桂林特邦新材料有限公司、桂林金刚石厂及唐山金石超硬材料有限公司均先后对超高胎体钻头进行了试制和设计结构优化工作。吉林大学研制了可再生水口钻头，并对水口的分布方式对钻头性能的影响展开了一系列研究[49]。加拿大 Fordia 公司研制了 Vulcan 系列金刚石钻头，如图 1 - 4(e)所示。其胎体高度达到 16 mm，中间设置有加强筋以增加胎体的抗弯强度，在试验中寿命达到了 698 m。瑞典阿特拉斯 - 科普柯公司于 2006 年研制了 Golden Jet 孕镶金刚石钻头。其设计高度为 16 mm，高于传统钻头胎体 10 mm，在钻头设计中的不与水口贯通的隐藏水槽可以有效起到分流作用，使冲洗液布满整个钻头唇面，为有效冷却钻头唇面提供了保障[50]。北京探矿工程研究所研制了二次镶焊钻头，如图 1 - 4(f)所示。其采用热压温度 800 ~ 850℃单独制作孕镶块，采用无压浸渍法制作钻头体并通过钎焊将孕镶块焊接在钻头体上，增加了钻头的使用寿命和耐磨性，有利于异型水口的加工[51]。

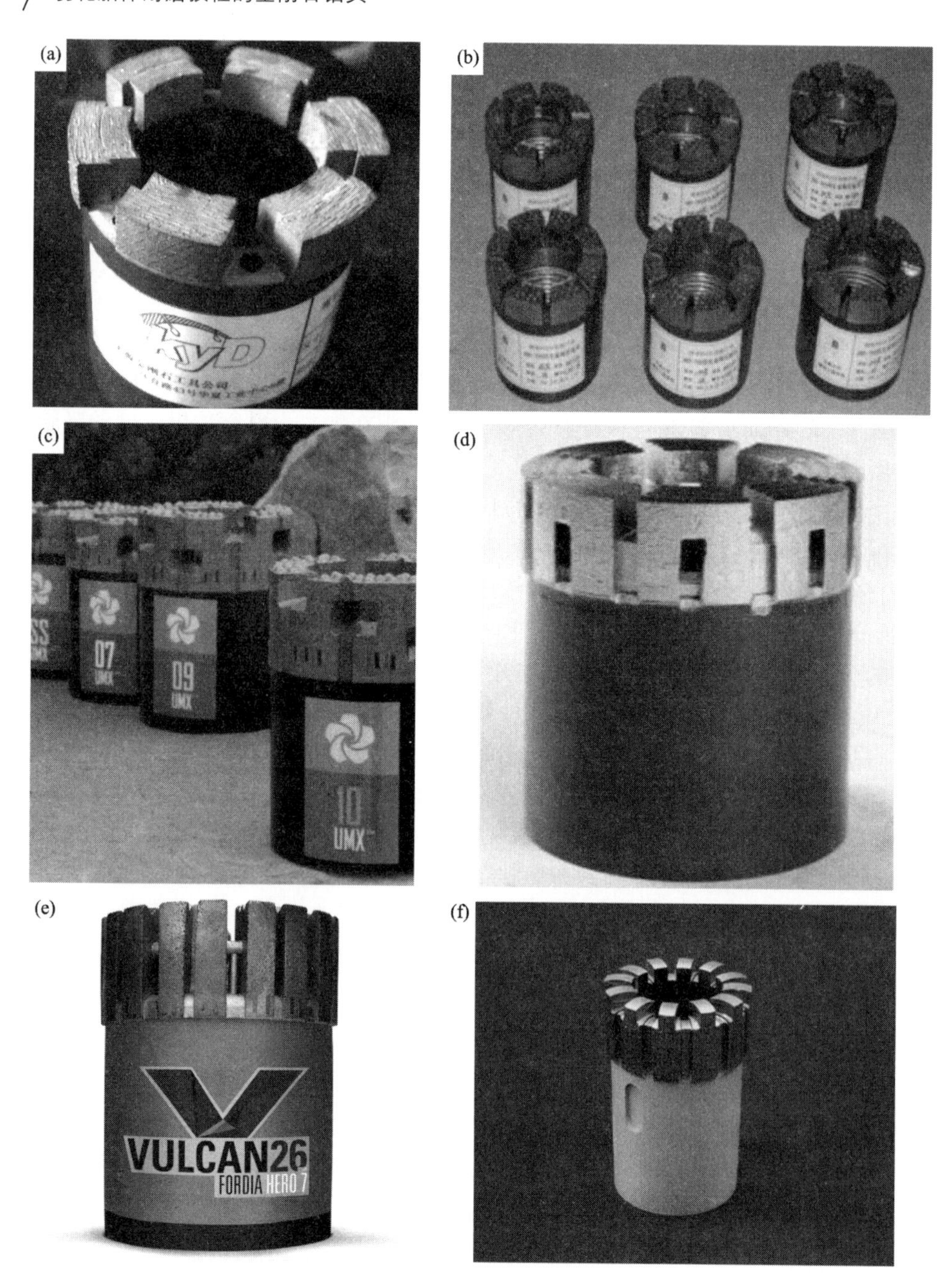

图 1-4　新型金刚石钻头图

a—激光焊接式有序排布钻头；b—美国长年公司高胎体钻头；c—仿生非光滑金刚石钻头；
d—双层水口金刚石钻头；e—Vulcan 系列金刚石钻头；f—二次镶嵌金刚石钻头

Fig. 1-4　Picture of new kinds of diamond bit: (a) orderly setting diamond bit, (b) high marix diamond bit, (c) bionic non-smooth bit, (d) double water way bit, (e) series of vulcan bit, (f) second welding bit

1.2.4 金刚石设计参数研究

钻进打滑地层时，为了提高金刚石的新陈代谢速度，充分发挥单颗粒金刚石的碎岩效率，不少人提出了金刚石参数优化的设计思想。鲁凡就金刚石粒度对钻头性能的影响进行了研究并提出了混装金刚石设计理论，通过理论计算得出了唇面金刚石的分布模型[52]。张绍和推导出了金刚石浓度的量化计算公式[53]。杨俊德对钻进过程中金刚石的磨损规律进行了研究[54]。杨凯华等人对主辅磨料金刚石的碎岩机理进行了探讨，结果表明辅磨料能够对主磨料所破碎的岩石进行二次破碎，避免粗颗粒岩粉过度研磨胎体，保证了钻头的使用寿命[55]。罗爱云等人提出了金刚石强、弱混镶的设计思路。在高品级金刚石表面真空镀钨，提高对胎体的把持力，在低品级金刚石表面沉积 NiWP 合金薄膜，改善金刚石表面润湿能力，最后采用制粒工艺将 WC 粉包裹于金刚石表面，在钻进坚硬弱研磨性地层中取得较好的效果[56]。张绍和等人将金刚石进行弱包镶化，首次提出了弱包镶金刚石理论并对其碎岩机理进行了探讨[57]。近年来，相关钻头生产单位结合生产实践，曾提出以数量换质量为出发点的金刚石参数设计思路。即采用低品级、高浓度的金刚石参数设计方案，由于金刚石品级较低，钻进中易发生破碎和脱落，金刚石新陈代谢速度加快。通过适当提高金刚石浓度可以弥补由于金刚石新陈代谢速度加快造成的使用寿命下降。该设计思路针对打滑地层的钻进具有一定的效果，但是理论支撑依据尚不完善，值得深入研究。

近年来，金刚石表面金属化技术成为金刚石性能研究的又一热点，通过表面金属化处理可以增强胎体对金刚石的黏结强度、减少金刚石热损伤，提高单颗粒金刚石的碎岩效率，如图 1 - 5 所示。Taramassom 和 Breval 等人对金刚石表面镀钛进行了研究，对金刚石和胎体间的界面反应与界面黏结强度的影响进行了微观分析[58]。GE 公司研制了一种能够在钻进中棱角部位率先出现微破裂的金刚石，其表面经过了特殊工艺的粗化处理，在打滑地层使用取得了较好的碎岩效果，如图 1 - 6 所示[59]。刘雄飞利用横向断裂强度试验及扫描电镜分析，研究了磁控溅射镀 Ti 金刚石在 Fe 基及 Co 基结合剂中的界面结合状态[60]。

黄炳南研究表明，活性细颗粒镀层金属在毛细管力的作用下，可以填补金刚石表面存在的微裂纹缺陷，使应力集中的微裂纹充满金属粒子，使缺陷的有害影响得到缓和，镀层金刚石的强度得到提高[61]。曹学功对镍 - 金刚石复合镀层耐磨性能进行了研究，对比不同添加剂或组合添加剂对复合镀层耐磨性的影响[62]。吉林大学对目前市场上的国产金刚石与进口金刚石进行了比较，结果表明，国产金刚石与进口金刚石在静等压强度指标上差距不大，且镀钛金刚石的强度均要高于不镀钛金刚石。国产金刚石的耐热性能较进口金刚石要差，且国产粉末触媒和片状触媒金刚石的磁滞回归线均发生了平移现象[63]。

图1-5 表面金属化金刚石

Fig 1-5 Surface metallization diamond

图1-6 表面粗糙化金刚石

Fig 1-6 Surface roughening diamond

1.2.5 钻头碎岩模拟仿真分析研究

随着计算机科学技术的发展和计算机运算性能本身的提高，通过仿真技术模拟岩石碎岩过程，为钻头设计提供理论参考依据，成为了一种重要的分析手段。真实的岩体是非匀质、非连续、各向异性的流变介质，基于客观真实性，目前仍无法用数学方法对其作出正确客观的描述。但是由于数值模拟仿真计算算法、软件的不断成熟，人们可以设想岩石是一种连续体、均匀体，岩石的力学性质可以用弹性、塑性、粘性或三者之间的组合，如粘弹性、弹粘性、弹塑性、粘弹塑性、弹塑粘性等来表示。

史瑾瑾采用有限元软件 LS_DYNA 中的二维拉格朗日算法对岩石冲击过程进行了数值模拟，岩石采用 * MAT_ELASTIC_PLASTIC_HYDRO 模型，状态方程为 EOS_GRUNEISEN，模拟分析与实验结果有较好的一致性。赵正军采用 * MAT_PLASTIC_KINEMATIC 的岩石材料模型进行了煤岩冲击破碎过程及岩石混杂介质的侵彻研究，这种岩石的模型考虑了岩石的硬化过程，符合弹塑性岩石材料的性质[64]。杨春雷应用有限元分析软件 ABAQUS，采用线性 D-P 模型模拟了钻头与岩石相互作用的过程[65]。黄志平利用岩石破坏过程分析数值模拟软件模拟了岩石颗粒在冲击等动载荷作用下产生损伤和破坏的过程，并对试样在静态和动态载荷作用下变形与破坏过程的数值模拟结果进行了分析[66]。

1.2.6 钻头制作工艺及设备研究

生产制作工艺直接影响了钻头的使用性能和批量稳定性，国内外的科研人员在钻头制作工艺上展开了大量研究。国外孕镶钻头主要采用浸渍法制造，能够生产各种尺寸精准的复杂唇面钻头。Drew Mark Butler 设计出了孕镶钻头自动生产线，能有效提高生产效率[67]。湖北长江精工材料技术有限公司研制出了智能中频烧结机，能有效提高钻头生产的批量稳定性，节约人工成本，如图 1 -7 所示[68]。郑州金泰金属材料有限公司研制了双运动混料机，如图 1 -8 所示。料桶和置于料桶内部的全尺寸搅拌叶片同时运转，翻滚运动的料桶，消除物料死角并对物料进行全方位对流折叠混合；置于料桶内可以独立旋转的全尺寸搅拌叶片，以不同于料筒方向和更高的速度运转对粉体内部进行高速剪切、穿插和对流等强制混合，其混合效果和效率较常规混料机有了较大程度的提升，且料筒可以自由拆卸更换，实现了一机多用，可根据不同设计要求更换合适的料筒。近年来，多家设备生产厂商陆续推出了双变频式三维涡流混料机。采用变频控制技术，可以任意设置两种或多种混料速度，在设备运转的过程中实现了多种混料速度的任意切换，能够有效解决超细粉末混料不均的问题[69]。李俊萍等人对热压钻头烧结过程的温度场分布进行了数值模拟分析，优化了钻头烧结温度值[70]。缪树良等人对比了国内和国外热压钻头用石墨模具的性能，分析了国产石墨模具的不足之处并提出了改进意见[71]。杨俊德、张义东等人就钻头烧结温度与烧结压力对胎体力学性能的影响展开研究和分析并提出了优化方案[72]。

图 1 -7 智能烧结中频

Fig 1 -7 Intelligent sintering medium frequency furnace

近年来，冷压成型和热压烧结相结合的制作工艺已在钻头生产中广泛推广。常规的热压成型工艺存在以下不足：①烧结过程中存在振动与磁场涡流，使胎体中的金刚石发生错位和位移，导致偏聚现象；②目前压机均为单向压制，经热压

图1-8　双运动三维混料机

Fig 1-8　Double motion mixer

工艺后胎体各部分的密度和耐磨性不均匀，沿压力方向呈减小的趋势，影响钻头使用效果。采取冷压与热压相结合的生产工艺有利于提高钻头的性能稳定性与质量。

制粒技术近年来逐步在金刚石工具制造中得到推广和认可。该方法能够使金刚石在胎体中得到均匀分布，利于提高金刚石的利用率和粉料的流动性，是冷压成型和自动容积装料工艺必然要采用的配套工艺。根据制粒原理的不同，目前制粒的方式分为两类：一类是刮料式，另一类是喷雾式。刮料式制粒机的原理是：将与制粒剂混合均匀的粉料落入筛网上，筛网的旋转刮板将粉料挤压成圆柱状的颗粒落入团粒盘，偏心旋转的团粒盘将其团成近球状粉末颗粒并通过输送带烘干送出。该方法的优点是可以将含有金刚石的粉料同时制成颗粒且颗粒的形状可以通过筛网的直径和刮板的速度来调控。喷雾式制粒机的原理是：将不含金刚石的胎体粉料放入密闭腔体内，内置高速旋转的转子将粉料搅拌到空中，同时喷射制粒剂，粉料在制粒剂的作用下，在空中形成小圆球，然后取出放入烘箱烘干[73]。

在钻头生产过程中，装模水口料通常采用石墨块，虽然工艺简单实用，但由于压制过程中胎体粉末变形量受块状水口刚性料的限制，烧结压力最后主要由石墨块传递到石墨底模，造成胎体密度偏小，一定程度上影响钻头寿命[74]。因此，吉林大学研制了一种钻头水口材料的配方及制作工艺，该材料能够在烧结温度下软化并与胎体材料成比例变形，使胎体均匀致密，提高钻头整体性能[75]。近年来，随着经济的发展和科技的进步，现场的使用者越来越注重钻头的外观，钻头生产已由过去的钻探零配件向精美的商品发生了悄然转变，喷砂开刃工艺、超声波清洗工艺、激光打标工艺以及铣床铣水口工艺在钻头生产中得到了推广和认可，钻头美观程度较以前有了大幅提高。

以上科研工作对解决打滑地层钻进难的问题确实取得了一定效果，但并未从根本上解决问题。如何解决在这类岩层中钻进效率低的问题，是钻探行业长期存在的一大技术难题。

1.3 研究内容及思路

1.3.1 研究思路

钻头在坚硬致密弱研磨性地层钻进产生打滑的一个重要原因是孔底岩粉少，岩粉对胎体的研磨能力弱。因此本书以如何提高孔底岩粉含量，增加岩粉对胎体的研磨能力为指导思想，借鉴电镀金刚石钻头胎体耐磨性弱化的机理以及从孔底投砂法中得到的启示，研制弱化胎体耐磨性的金刚石钻头，并对其碎岩机理及设计参数展开研究分析。

电镀金刚石钻头在电镀的过程中不可避免地析氢，氢气泡无法排除而滞留在胎体内，造成胎体具有一定的孔隙度，孔隙弱化了胎体的耐磨性，为金刚石的自锐创造了良好条件；此外，电镀金刚石钻头由于工艺特性使其唇面粗糙甚至表面产生节瘤，粗糙的唇面有利于残留岩粉促进金刚石新陈代谢。因此，电镀钻头在中硬及以下地层钻进时，其效率远高于热压金刚石钻头。但是，电镀钻头胎体硬度受配方工艺影响，调节范围较小，限制了电镀钻头的钻进地层范围[76]。通过向孔底投置重晶石、石英粉、绿碳化硅等硬质磨料，能够有效增加孔底岩粉含量及提高对胎体的研磨能力，从而促进金刚石的出刃。但是孔底投砂法具有一定盲目性，无法有效控制对胎体的研磨程度且只有部分磨料能够真正有效参与研磨胎体，其他磨料易造成钻具非正常磨损。

若将孔底投砂法中的磨料直接由钻头胎体携带，在钻进的过程中随金刚石的出刃同步出露，则能够提高孔底的岩粉研磨能力，避免了常规投砂法的盲目性，对胎体的研磨程度相对容易控制。此外，磨粒易于从胎体表面脱落，使胎体表面形成一定的孔隙，增加了唇面的粗糙度。由电镀钻头的生产实践可知，唇面的粗糙度与残留岩粉的能力成正比，唇面越粗糙越有利于残留岩粉，提高金刚石新陈代谢速度。因此，这种假设是合理可行的。

弱化胎体耐磨性是指在保证胎体强度的前提下采用一定的工艺方法适当降低胎体的耐磨性。胎体耐磨性经弱化处理的金刚石钻头是在胎体中添加了一定材质的胎体耐磨性弱化颗粒，弱化颗粒具有一定强度且与胎体黏结力较弱。在钻进过程中易于从胎体表面脱落，增加了胎体表面的粗糙度，残留孔底的颗粒与岩粉共同研磨胎体，提高岩粉的研磨能力，以达到提高金刚石新陈代谢速度的目的。

前期的研究尽管取得了一定的成果，但还有很多未知的内容值得进一步研究和探索，如坚硬致密弱研磨性岩石可钻性能标定、弱化胎体耐磨性钻头的参数设计规律、钻头设计参数合理性的数值模拟检测、钻头设计制造及使用神经网络专家系统开发等。因此，进一步深入研究胎体耐磨性经弱化处理的钻头的工作原理、碎岩机理、参数设计规律，并用数值模拟方法对其进行分析和评判等，是一项非常有意义的重要工作。

1.3.2 研究内容

本书主要对胎体耐磨性经弱化处理的钻头的弱化颗粒材质、金刚石参数、弱化颗粒参数、胎体配方、切削齿齿型结构等因素对钻头钻进性能的影响展开研究。将从以下几个方面展开：

(1)结合坚硬致密弱研磨性岩石的特性、研究金刚石钻头在该地层钻进的碎岩机理。在现有室内钻机的基础之上对其进行自动化升级，以满足室内试验要求。

(2)对弱化胎体耐磨性钻头的参数规律进行研究，主要分为以下几个部分：①利用混合试验和极端顶点试验法优化设计 WC 基胎体配方；②利用室内微钻试验法及电子探针等分析设备，研究不同材质的弱化颗粒对钻进性能的影响并优选出最佳材质类型；③利用正交试验法及室内微钻试验法，研究金刚石粒度、金刚石浓度、弱化颗粒浓度及胎体硬度对钻进效率的影响；④利用室内微钻试验法，研究探讨主轴转速及钻压对钻进效率的影响规律并给出最佳的钻进工艺参数。

(3)借助 Solidwork 软件建立金刚石钻头的 3 维立体模型，利用 LS – DYNA 软件建立岩石模型并针对不同切削齿设计方案的钻头碎岩过程进行数值模拟，研究切削齿结构对碎岩效率的影响，优化出最佳的切削齿型设计方案。

(4)试制胎体耐磨性弱化金刚石钻头并进行现场试验。结合现场试验数据，进一步分析和完善弱化胎体耐磨性金刚石钻头的碎岩机理，提出优化设计方案。

1.3.3 技术路线

本书研究的设计路线如图 1 –9 所示。

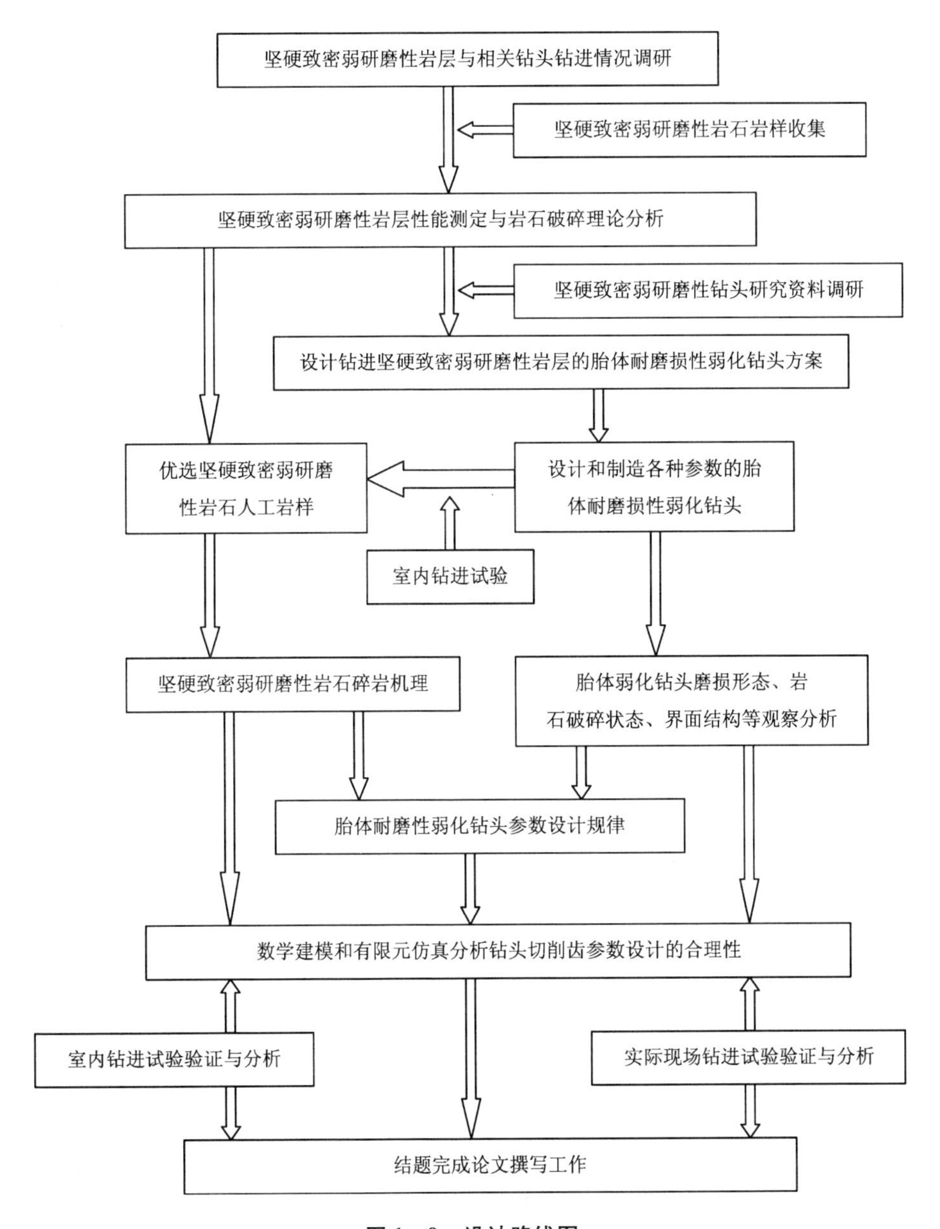

图 1-9　设计路线图

Fig　1-9　Design route

第 2 章　弱化胎体耐磨性钻头的参数设计研究

本章首先对坚硬致密弱研磨性岩层进行了物理力学指标定义，阐述了岩层的特点，分析了岩石破碎机理；其次，结合所钻岩层的特点，讨论了金刚石钻头的磨损机理，分析了钻头钻进打滑的原因；最后，从金刚石参数、胎体耐磨性、胎体耐磨性弱化方式以及切削齿齿型结构四个方面探讨了适用于坚硬致密弱研磨性地层钻进的钻头设计方案。

2.1　坚硬致密弱研磨性岩层的含义

人们常将金刚石钻进过程中出现打滑现象的岩层统称为“打滑”地层。这种提法过于笼统，因为在钻进的过程中有时并不是岩石本身坚硬致密而造成难以钻进，而是由于选用的钻头与所钻岩石不适应或钻进规程选取不当所致。因此，对坚硬致密弱研磨性岩层作出准确定义显得尤为重要。岩石的物理力学性质检测通常包括以下几个方面：①单轴抗压强度。单轴抗压强度是指岩石整体抵抗单轴荷载破坏的能力。其值用岩样在单轴压缩荷载作用下完全破坏时单位承载面积上的荷载量来表征，单位为 MPa。②压入硬度。压入硬度是指岩石抵抗标准形状压头压入的阻力，其值用岩样被压入到产生体积破碎时压头单位面积上的荷载量来表征，单位为 MPa。③摆球硬度。摆球硬度是动载测量岩石硬度的一种方法。其值用摆动的钢球冲击被磨平的岩样表面回跳次数来表征。④岩石声波速度。岩石声波速度是利用声波在岩石中的传播速度测定岩石的物理力学参数的一种方法。由于岩石内部结构特征差异，如矿物成分、孔隙度、颗粒大小等必然引起声速差异，测得纵波在岩石中的传播速度，能够反映岩石的物理力学性能。⑤研磨性。研磨性是指岩石对碎岩工具的研磨能力。目前测量方法和衡量指标尚不统一，常用的方法有标准钢杆研磨法[77]。表 2－1 所示为常见坚硬致密弱研磨性岩层岩样的矿物成分和物理力学性能指标。

由表 2－1 可以看出坚硬致密弱研磨性岩石具有以下特点：

(1)岩石硬度大。该类岩石主要由石英和长石组成，且石英含量在 50% 以上，个别达到 95%。石英是造岩矿物中硬度较大的矿物，莫氏硬度分级为 7 级，压入硬度均大于 5000 MPa。

(2)岩石强度高。该类岩石造岩矿物细，粒度为 0.01～0.20 mm，且矿物颗粒之间硅质胶结。因此，岩石不仅表面硬度大且整体强度高，岩石单轴抗压强度均大于150 MPa。

(3)岩石研磨性弱。研磨性弱是坚硬致密打滑岩层的显著特点，其研磨性均在5 mg以下。由于该类岩层主要成分为石英和长石，其颗粒小，颗粒之间胶结，整个岩石坚硬致密，故其研磨性弱。

表2-1　典型坚硬致密弱研磨性岩层岩样力学指标

Table 2-1　Mechanical indexes of extra-hard and strong-abrasive rocks

岩石名称	石英含量/%	长石含量/%	粒径/mm	研磨性/mg	压入硬度/MPa	单轴抗压强度/MPa	摆球硬度		声波速度/(m·s^{-1})
							第一次回弹角/(°)	摆球弹次	
似斑状黑云母花岗岩	>74	15	0.08	3	5729	218	77	47	5866
似斑状白云母花岗岩	>42	>47	<0.1	2	5160	181	73	37	5866
细粒二云母花岗岩	56	20	0.02	4	5307	253	74	50	5528
变质沉凝灰岩	>65	20	0.05	1.6	7760	394	75	39	6203
硅化变质粉砂岩	>50	22	<0.01	1.6	7328	219	75	31	6060
硅化石英岩	92	—	0.08	3	6622	348	78	56	5493
石英脉	>95	—	<0.01	2	5503	342	78	46	5493

目前钻探领域通常用以下三个指标划分坚硬致密弱研磨性岩层的界线：①压入硬度大于5000 MPa；②单轴抗压强度大于150 MPa；③研磨性小于5 mg。采用以上三个指标能够比较集中地反映岩层的主要物理力学特性和可钻性指标。压入硬度反映了岩石表面抵抗其他物体压入的阻力；单轴抗压强度反映了岩石抵抗外力作用使其产生体积破碎的能力；研磨性反映了岩石磨损碎岩工具的能力[78]。岩石三种特性综合出现，是导致金刚石钻头钻进打滑的前提条件，若去除其中一个，特别是大压入硬度或弱研磨性，则金刚石钻头打滑现象将不复存在。

2.2 孕镶金刚石钻头碎岩机理

金刚石钻进是利用金刚石钻头唇面上出露的金刚石，在轴向压力和回转扭力的作用下，使岩石表面发生局部连续破碎。其破碎过程与外荷载在钻头与岩石接触面上的分布及岩石内部应力状态及岩石的物理力学性质等因素密切相关。

2.2.1 外荷载在压力接触面上的分布及岩石内部应力状态

钻头唇面金刚石刻划岩石的过程可看作是以不同曲率半径的曲面压模，在轴向荷载和切向荷载的作用下对岩石表面产生连续作用的过程，其作用模型如图 2-1 所示[79]。通常将单颗粒金刚石视为一个半径为 r 的圆球体，当金刚石压入岩石表面时，压力边缘为一个圆，其半径为：

$$a = \sqrt[3]{\frac{3}{2}(1-\mu^2)\frac{P \times r}{E}} \tag{2-1}$$

式中：P—总压力；r—球面压模半径；μ—泊松系数；E—岩石弹性模量。

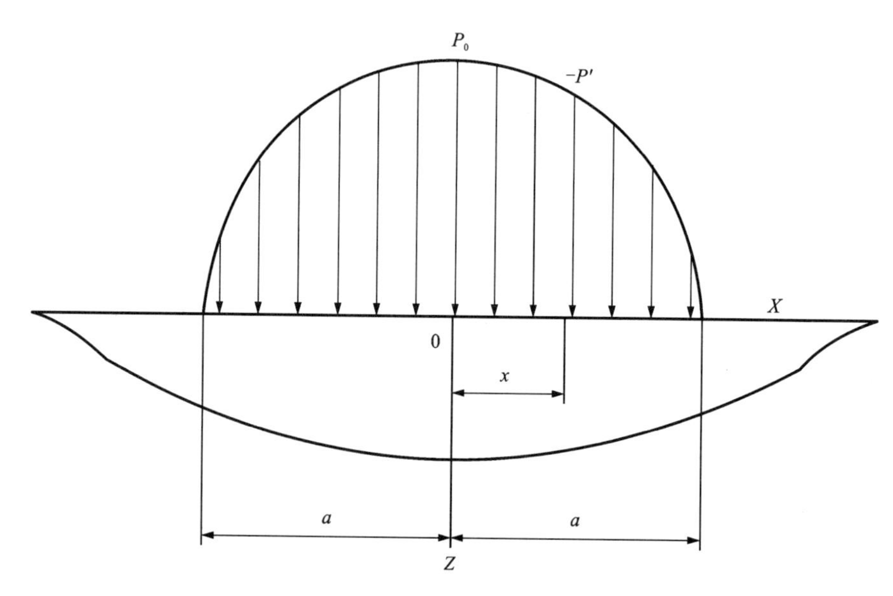

图 2-1 金刚石压入平面时压力分布图

Fig 2-1 Pressure profile of diamond indentation plane

压力面上的压力分布为：

$$P' = \frac{3}{2} \times \frac{P}{\pi a^3}\sqrt{a^2 - x^2} \tag{2-2}$$

式中：x—压力点至圆中心的距离。

当 $x = a$ 时，$P' = 0$；$x = 0$ 时，P' 达到最大值，即压力在中心处最大，边缘压力值最小。沿对称轴的正应力分布：

$$\sigma_z = -P_0 \frac{a^2}{z^2 + a^2} \tag{2-3}$$

$$\sigma_z = \sigma_y = -(1+\mu)P_0\left(1 - \frac{z}{a}\arctan\frac{a}{z}\right) + \frac{P_0}{2} \times \frac{a^2}{a^2 + z^2} \tag{2-4}$$

对称轴上的应力均为正应力，当 $z = 0$、$\mu = 0.25$ 时，压力面中心压应力为：

$$(\sigma_x)_{z=0} = (\sigma_y)_{z=0} = -0.75P_0 \tag{2-5}$$

$$(\sigma_z)_{z=0} = -P_0 \tag{2-6}$$

接触面的中心的应力状态接近于各向均匀压缩状态。接触面中心的剪应力为：

$$(\tau_z)_{z=0} = \left(\frac{\sigma_y - \sigma_z}{2}\right)_{z=0} = 0.125P_0 \tag{2-7}$$

由对称轴的正应力分布可知，随与压力面距离的增加，正应力均出现不同程度的减小，但是衰减的程度不同，使得剪应力的变化与正应力不同，其随深度的增加而增大，达到某一最大值后开始减小，最大剪应力的深度为 $z = 0.47a$，此时剪应力为 $0.4P_0$。即在深度为 $0.47a$ 处剪应力值最大。

在实际钻进过程中，钻头唇面上的金刚石不仅承受轴向荷载，而且承受回转时的切向力，此时的应力分布受到轴向力和切向力的共同作用，等效应力呈现出不均匀的应力状态[80]。根据岩石强度的特性，其抗拉强度最小。因此，岩石局部破碎首先发生在拉应力区，即首先沿切削刃的尾部产生破碎岩屑。

岩石局部受载时的应力状态和变形特征可将岩石破碎过程分为四个阶段：①压实阶段，岩石产生弹塑性变形，在接触面的边缘产生应力集中；②岩石弹性变形阶段，应变随应力的增加而增加，并在压力边缘沿岩石的薄弱面产生微裂纹；③岩石塑性变形阶段，应变随应力显著增加，且在压力边缘产生裂纹并扩展；④岩石局部破碎，金刚石瞬间吃入，沿压力边缘产生体积破碎且接触面呈粉状压实状态[81-82]。

2.2.2　金刚石钻进机理

孕镶金刚石钻头在钻进的过程中被认为是一种“磨削”的过程。由于孕镶金刚石钻头胎体中的金刚石出露量过小，无法使岩石表面产生大面积的体积破碎，唇面上的金刚石在外荷载的作用下与岩石表面发生以摩擦形式为主的机械作用，使岩石表面产生破损。在钻进过程中，钻头唇面上的金刚石出露高度不一致，钻头与岩石的接触面为点接触。由于金刚石的硬度远大于岩石各种成分的硬度，在轴向力的作用下，与岩石表面接触的金刚石颗粒压入岩石表面或压平岩石表面的硬质微凸体。在岩石接触面上同时存在弹性接触、塑性接触和微切削三种机械作用。

当为弹性接触时，沿接触点的前方受压应力，后方受拉应力。随着金刚石出露高度的新陈代谢，将周期性地产生大小不等的压应力和拉应力。此时底表面的破碎主要为摩擦引起的疲劳破损。当金刚石颗粒压入岩石表面使岩石发生塑性变形时，在摩擦力的作用下，其刻痕边缘同时发生损伤。岩石表面发生塑性挤压时，在回转力的作用下岩石表面发生低循环疲劳磨损。若金刚石与岩石接触面上的应力超过岩石表面的破碎强度，则在切向力的作用下，金刚石颗粒对岩石表面产生微切削作用。基于岩石局部受载时的变形特征以及岩石组分差异引起的力学性质差异，导致钻头唇面上的金刚石与岩石表面接触时，三种接触形式同时出现并伴随发生，使钻孔孔底出现不规则划痕[83]。

2.3 孕镶金刚石钻头磨损机理

孕镶金刚石钻头碎岩的同时，钻头胎体也受到岩粉的研磨作用。其磨损机理较为复杂，不仅与岩石物理力学性质有关，且受钻头结构及钻进规程等诸多因素影响。孕镶金刚石钻头的磨损包括金刚石的磨损和胎体磨损两方面。

在正常钻进规程下金刚石的磨损主要分为四种形式：研磨磨损、高温石墨化磨损、脆性断裂和脱落。研磨磨损是钻进过程中破碎的金刚石颗粒、胎体表面脱落的 WC 颗粒以及岩粉中坚硬矿物颗粒与金刚石出刃面相互摩擦的结果。高温石墨化磨损是金刚石出刃表面在破碎岩石的过程中与岩石表面摩擦产生高温，由于冲洗液的冷却不良而引起的金刚石表面石墨化。脆性断裂是由于金刚石性脆、抗弯强度低，在钻进过程中受机械冲击、振动作用下，内部缺陷裂纹发育扩展所致。脱粒是由于钻头胎体过度磨损失去对金刚石颗粒的包裹能力，造成金刚石提前从胎体中脱落。在以上磨损类型中，金刚石脱粒对钻头的钻速影响最大，其次是金刚石的脆性断裂和高温石墨化磨损[84]。在钻进坚硬致密弱研磨性地层时为了获得较高的钻进速度，常采用强力规程钻进，这样易导致金刚石石墨化和脆性断裂磨损加剧，导致唇面金刚石被磨平，影响钻进效率。

孕镶金刚石钻头胎体中的金刚石从出露到磨损、碎裂或脱落的过程中，胎体磨损速率与金刚石磨损速率是不一致的。磨损的过程大致分为三个阶段：①初磨阶段。孕镶金刚石钻头与所钻岩石刚接触时，金刚石未出露，在轴向荷载和回转扭力的作用下，岩石开始研磨钻头底唇面。由于胎体中黏结金属超前磨损，金刚石开始出露并压入破碎岩石，在初磨阶段胎体的磨损速率大于金刚石的磨损速率。②均衡磨损阶段。金刚石在破碎岩石的同时，残留孔底的岩屑及脱落的金刚石碎粒同时研磨胎体及金刚石。金刚石的出刃量随胎体的不断磨损而逐渐增大。此时胎体的磨损速率与金刚石的磨损速率趋于一致。③突变磨损阶段。当胎体继续磨损，金刚石出刃量达到临界值后，金刚石便会被压碎、剪断或从胎体中脱落。此时金刚石的磨损速率具有突变性[85]。

孕镶金刚石钻头的胎体是由骨架材料和黏结金属按一定配比混合后热压烧结而成。骨架材料常选用熔点高硬度大的碳化钨粉末；黏结金属选用熔点低流动性好的铜、镍、锰等金属粉末。钻头在碎岩的同时，其胎体受到所钻岩石的岩屑及脱落的金刚石碎粒的共同研磨作用而磨损[86]。胎体中的黏结金属由于硬度及耐磨性低于骨架材料和造岩矿物，因此易被岩粉磨损，随后骨架材料才发生磨损。采用强力规程钻进时，钻头胎体与岩石的摩擦功增大，摩擦面温度升高，黏结金属强度下降加速胎体磨损。

钻头在钻进过程中若胎体的磨损速率与金刚石的磨损速率接近，则失去工作能力的金刚石能及时从胎体中脱落，促使新金刚石颗粒出刃，反映出胎体与所钻岩层相适应；若胎体的磨损速率大于金刚石的磨损速率则易导致金刚石出刃量过大而过早脱落，反映出胎体耐磨性过低；若胎体的磨损速率小于金刚石的磨损速率则失去工作能力的金刚石无法及时脱落导致金刚石被磨平而出现打滑不进尺的现象。

2.4　孕镶金刚石钻头参数设计

常规金刚石钻头在坚硬致密弱研磨性岩层钻进时钻速呈抛物线状下降趋势，出现钻进打滑现象，其主要原因有以下几个方面：①岩石多由石英、长石等矿物组成，岩石结构致密且研磨性弱，钻头胎体不易磨损导致金刚石无法正常出刃；②金刚石参数设计不合理；③胎体耐磨性参数设计不合理；④钻进规程选择不当，仍采用中硬岩层中使用的常规钻进参数，盲目追求高转速，助长了打滑现象的产生。

因此，要解决坚硬致密弱研磨性岩层的金刚石钻进打滑问题，应从金刚石参数、胎体耐磨性参数、胎体耐磨性弱化方式、钻头齿型结构优化等方面入手分析。

2.4.1　金刚石参数设计

在孕镶金刚石钻头参数设计中，金刚石强度、浓度及粒度直接影响钻头的钻进性能。

(1) 金刚石强度

金刚石是钻头直接破碎岩石的刃具，其强度的高低对钻头钻进效率起到至关重要的作用。由于坚硬致密弱研磨性岩层的岩石坚硬、结构致密、具有较高的压入硬度及单轴抗压强度且通常采用强力规程钻进，若选用的金刚石强度过低则不能有效破碎岩石，反而会在较大轴向荷载作用下磨损或碎裂直至失去工作能力。在轴向荷载作用下，单颗粒金刚石压入、破碎岩石的条件为：

$$P_y \geqslant F_a \times P_m \tag{2-8}$$

式中：P_y—作用在单颗粒金刚石上的轴向荷载；P_m—岩石压入硬度，MPa；F_a—单颗粒金刚石与岩石的接触面积。

假设金刚石为球型体，其与岩石的接触面积按球冠面积计算，则：

$$F_a = \pi dh \tag{2-9}$$

式中：d—金刚石直径，mm，对于60 目金刚石，$d=0.25$ mm；h—金刚石压入岩石深度。

目前国内设计打滑地层钻头多采用 50/60 目为主的金刚石，粒径范围为 0.25～0.3 mm。根据经验，在坚硬致密弱研磨性地层钻进时单颗粒金刚石出刃量不超过粒径的 10%，其压入岩石深度约为出刃量的 1/3[87]。因此，当钻头采用 60 目金刚石时，金刚石压入岩石的深度为：

$$h = 0.25 \times 10\% \times 1/3 = 0.0083 \text{ mm} \tag{2-10}$$

将 h 代入公式(9)则：

$$P_y = 3.14 \times 0.25 \times 0.0083 \times 6000 = 39 \text{ N} \tag{2-11}$$

即若选用60 目单颗粒金刚石破碎、压入硬度为6000 MPa 的坚硬致密弱研磨性岩石，轴向荷载应不低于 39 N。应当指出的是，在实际的钻进过程中金刚石在轴向荷载及回转扭力共同作用下破碎岩石。考虑实际操作时为获得较高钻进效率，采用强力钻进规程时所加大的荷载及金刚石属脆性材料且在孔底受力不均匀等因素的影响，应取一定安全系数值。安全系数的取法主要考虑以下几个因素：①钻进时，金刚石同时承受轴向荷载和回转荷载，回转荷载产生的切线方向分力易造成金刚石脆性破裂。②钻进时金刚石所受荷载为动荷载。大的脉动轴向荷载易加速金刚石的破碎；小的高频轴向荷载则有利于提高金刚石的钻进效率[88]。通常金刚石的安全系数 $\eta=3\sim4$，则所选择的单颗粒金刚石破碎荷载为：

$$P_a = P_y \times \eta = 39 \times (3\sim4) = 117\sim156 \text{ N} \tag{2-12}$$

钻进坚硬致密岩层时应尽量选用较高品级的金刚石，以便承受钻进中的动荷载与复杂荷载的作用，但是过分强调金刚石品级会使钻头成本增加，在实际设计中应结合经济性等方面综合考虑选用品级。

(2)金刚石粒度

金刚石粒度对孕镶金刚石钻头出刃起到重要作用，其能改变钻头胎体的磨损速率和金刚石的出露状态。合理选择金刚石粒度，除考虑所钻岩层的岩石特性外，还应综合考虑金刚石的强度和浓度。对于坚硬致密弱研磨性岩层，在相同金刚石品级条件下，应选择细粒度金刚石且金刚石浓度应适当降低。这是因为在金刚石品级和浓度一定的条件下，细粒度金刚石比粗粒金刚石强度高，有利于金刚石压入、压碎岩石；其次，胎体中金刚石的出刃量随胎体粒度的减小而减小。金刚石出刃量小则其与岩石的接触面积也相应较小。在轴向压力相同的条件下，细粒金刚石获得的单向轴压力高。此外，细粒金刚石被胎体包裹面积小，牢固度较小，被磨损的金刚石能很快脱落，有利于提高金刚石的新陈代谢速度。值得一提的是金刚石粒度并非越细越好，在浓度相同的情况下，金刚石颗粒越细则出露数目越多，平均单颗金刚石的轴向压力相应减小，易导致金刚石钻进效率的下降。所以，随着金刚石粒度的减小应相应降低金刚石的浓度，减少钻头唇面单位面积的数目，以增大金刚石上单位轴向压力[89]。

大量的生产实践证明，不同粒度的金刚石颗粒混镶能有效提高钻头在坚硬致密弱研磨性岩层的钻进效率。主要有以下两方面原因：①不同粒度金刚石混镶改变了金刚石在孕镶层的分布状态和钻头底唇面上金刚石出露数量以及出刃高度的关系。由于粒度不等，则钻头唇面在同一水平面上的金刚石出露数量减小，单颗粒金刚石上的轴向压力增大。②不同粒度金刚石混镶在钻进时能形成不同粒度的岩粉，提高岩粉的研磨能力，有效研磨胎体，促进胎体中金刚石的新陈代谢速度[90]。对于坚硬致密岩层金刚石粒度宜选择 40/50 目和 50/60 目两种混镶使用。

(3) 金刚石浓度

坚硬致密弱研磨性岩层所用金刚石钻头的设计浓度存在一个合理的区间范围。浓度太高则钻头胎体端面的金刚石与岩石接触面积增大，单颗粒金刚石上所承受的轴向压力较小，相应压入岩石深度减小。当金刚石上的压强 σ_p 小于岩石抗压强度 σ_r 时，则金刚石无法有效压入岩石，出现打滑不进尺现象。相反，浓度偏低，在钻头唇面上参与切削的金刚石数量较少，单颗粒金刚石上的轴向荷载增大，易导致金刚石碎裂或过早磨损[91]。

通常对于钻进坚硬致密弱研磨性岩层的孕镶金刚石钻头其金刚石设计浓度低于常规地层钻进的金刚石钻头。降低金刚石的浓度能够有效提高金刚石单位轴向荷载及增大胎体裸露面积以利于金刚石压入、压碎岩石，提高碎岩效率。设计金刚石浓度时既要考虑钻进效率又要兼顾钻头寿命。钻进坚硬致密弱研磨性地层的主要矛盾是钻进打滑、效率低。因此，其选取金刚石浓度要以提高钻进效率为主，兼顾钻头寿命，一般体积浓度不得高于 85%。

2.4.2　胎体耐磨性设计

孕镶金刚石钻头胎体的耐磨性与所钻坚硬致密弱研磨性岩层的研磨性相适应的程度是解决在该类岩层钻进打滑问题和提高钻进效率的关键[92]。胎体的耐磨性与硬度是两个完全不同的物理概念，二者不能等同但却有一定关系。目前钻头生产单位及使用单位常以胎体硬度来直接表征胎体的耐磨损性能，这是一种不全面、不科学的观点。因为，硬度相同的胎体其耐磨性却不相同，这是因为钻头胎体是一种假合金，胎体合金的内部组成中含有金刚石固相颗粒。因此，钻头胎体的硬度与耐磨性不能简单地用胎体本身的性能来衡量，其在很大程度上受到金刚石的影响和制约。由于胎体硬度指标在某种特定条件下与胎体耐磨性和抗冲蚀性基本一致且测定硬度的方法简单可靠，使用单位仍然习惯以胎体硬度作为钻头选型的基本依据，故生产单位仍然把胎体硬度作为钻头设计的主要性能指标指导生产与销售，严格地说以胎体耐磨性作为胎体性能的主要指标更为合理。

胎体耐磨性设计的基本原则是胎体必须与所钻岩层的硬度与研磨性相适应，以保证在钻进过程中胎体与金刚石实现同步磨损。胎体的耐磨性与胎体成分密切相关，常见的钻头胎体粉料及性能如表 2 – 2 所示。

表 2 – 2　钻头胎体粉料性能参数表

Table 2 – 2　Main parameters of matrix powers

粉料名称	作用
WC 粉	作为骨架材料使用，导热率高，热膨胀系数与金刚石接近，具有较高的弹性模量和硬度
663 青铜粉	作为黏结金属使用，具有较低的烧结温度和良好的成形性，与镍、钴、锰相容性好
Sn 粉	降低液态合金表面张力的元素，改善黏结金属对金刚石的润湿性，有效降低合金熔点，改善粉料压制性能
Zn 粉	提高铜合金的强度和耐磨性，改善铜合金的力学性能
Co 粉	改善铜合金对 WC 的润湿性，提高铜合金的强度和韧性
Ni 粉	具有良好的延展性和抗氧化性，强化胎体力学性能并抑制低熔点金属流失
Mn 粉	作为脱氧剂使用，一般控制在 5% 以内
Fe 粉	部分替代 WC 粉，作为骨架材料使用，降低胎体的耐磨性及硬度
Si、P、Ti、Be 粉等	作为胎体改性微量元素添入，改善提高胎体的力学性能

热压钻头胎体设计中常将胎体成分材料分为三类，即骨架材料、黏结金属和碳化物形成的金属材料。

(1)骨架材料。骨架材料在热压钻头胎体中起骨架支撑和耐磨作用，适当提高骨架材料的含量能有效提高胎体的耐磨性和延长其使用寿命[93]。但是若 WC 含量过高，则易导致胎体合金对金刚石的包裹强度降低，造成金刚石过早脱落。脱落的金刚石与岩粉共同研磨钻头胎体，使钻头使用寿命缩短。因此在钻头设计中，依据岩石性质选择碳化钨等骨架材料的含量十分重要。常规金刚石钻头在坚硬致密弱研磨性地层钻进时打滑的主要原因之一是胎体中碳化钨等骨架金属含量过高，要解决打滑问题，就应适当降低胎体中碳化钨等骨架金属的含量，以降低胎体的耐磨性。生产实践表明钻进坚硬致密弱研磨性岩层时，胎体硬度应控制在 HRC 10 ~ 25。

(2) 黏结金属材料。目前热压钻头的制造中，黏结金属多采用铜合金，如 663 - Cu 合金、Cu - Sn10 合金、Cu - Sn20 合金等，铜合金表现出对金刚石优异的润湿能力。单纯 Cu 粉对金刚石及碳化钨等材料的润湿能力较低，作为黏结金属材料较少。黏结金属在钻头中起到重要作用，将胎体与金刚石黏结成一种“合金”并具有一定的机械性能。黏结金属含量与胎体耐磨性成反比，黏结金属含量越高胎体耐磨性越低，因此在多数情况下通过调整碳化钨与黏结金属铜合金的含量，可以调整胎体的性能以适应不同岩层的钻进需求[94]。

(3) 碳化物形成的金属又称强化胎体类金属，主要有铬、钛、钨、钴、硅、镍等。这些金属元素一部分作为降低表面张力的改性剂元素加入，一部分作为提高胎体力学性能的元素加入[95]。由于黏结金属多采用铜基合金，某些碳化物形成元素添加后能够有效降低铜合金和金刚石间的内界面张力，使接触角 θ 降低。例如金属铬是一种强碳化物形成元素，在钴基胎体中添加质量分数 1% 的铬后胎体的抗弯强度明显提高；在铜基胎体中加入少量铬，可以降低铜合金对金刚石的润湿角，提高铜基合金和钴基合金的黏结强度；在真空条件下，金刚石与钨粉混合加热至一定温度能够在金刚石表面反应生成碳化钨，提高金刚石与胎体的把持力；在胎体中添加一定比例的钛元素可以改善金刚石的润湿条件[96]。

2.4.3　胎体耐磨性弱化方式设计

孕镶金刚石钻头在坚硬致密弱研磨性地层钻进时，产生岩粉少且细，研磨能力弱，新颗粒金刚石不易出刃，因此要求钻头具有较高的自锐能力，应适当弱化胎体的耐磨性。然而，降低胎体中骨架材料含量，通过降低胎体硬度的方式间接降低胎体的耐磨性不能从根本上解决问题。因为胎体硬度过低则不利于有效把持金刚石，钻进压力无法通过胎体有效传递给金刚石，影响钻进效率。胎体耐磨性弱化是指在保证胎体硬度及其他力学性能指标不下降或少下降的前提下，利用一定的工艺和方法适当降低胎体的耐磨性以提高胎体中金刚石新陈代谢速度。弱化胎体耐磨性的方式是将胎体耐磨性弱化元素以硬质颗粒形式添加至胎体中，其颗粒与胎体包镶力较弱，在钻进过程中易于从胎体表面脱落，使其表面形成非光滑形态，增加了胎体唇面的粗糙度。此外，残留孔底的颗粒与岩粉共同研磨胎体，增加岩粉的研磨能力，以达到提高金刚石新陈代谢速度的目的，如图 2 - 2 所示。本书将硬质颗粒形式的胎体耐磨性弱化元素简称为胎体弱化颗粒。

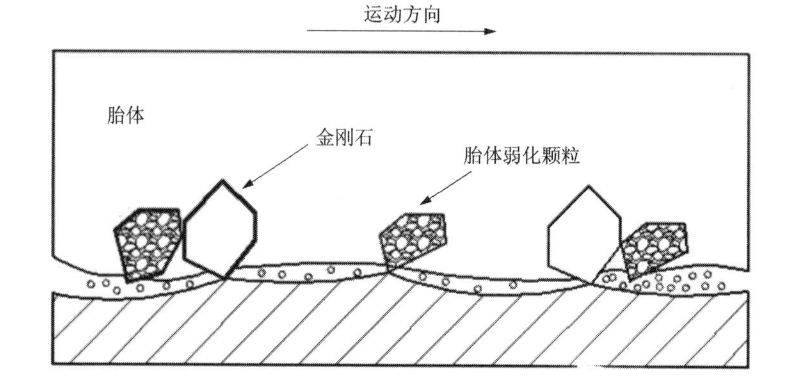

图 2-2 胎体耐磨性弱化方式示意图

Fig 2-2 Matrix weaken method diagram

胎体弱化颗粒在胎体中通常有三种分布形式：①弱化颗粒分布于胎体之间不与金刚石颗粒发生互粘；②沿胎体运动方向，胎体弱化颗粒与金刚石颗粒发生了互粘，且位于金刚石颗粒的前方；③沿胎体运动方向，胎体弱化颗粒与金刚石颗粒发生了互粘，且位于金刚石颗粒背部支撑的后方。若胎体弱化颗粒处于第一种分布形式，由于颗粒本身的性质，随着钻进的进行，胎体弱化颗粒极易在钻压和回转力的作用下发生脆性破碎或由于与胎体把持力较弱而提前脱落，使胎体表面形成凹坑型非光滑形态，增加唇面粗糙度，有利于提高唇面比压。此外，残留孔底的弱化颗粒与岩粉一同研磨胎体，增加了岩粉的研磨能力。若胎体弱化颗粒处于第二种分布形式，其在钻进过程中脆性破碎和提前脱落的弱化颗粒能够提高与其互粘的金刚石颗粒的出刃高度，金刚石刻入岩石的深度增加。由于金刚石背部支撑完好，因此，其单颗粒金刚石的使用率并不会下降。若胎体弱化颗粒处于第三种分布形式，由于弱化颗粒本身性质，提前破碎和脱落的弱化颗粒易导致金刚石颗粒因失去背部支撑而提前脱落，能够明显提高金刚石新陈代谢的速度，但是一定程度上降低了金刚石单颗粒的利用率，易导致钻头使用寿命缩短。

相比于通过降低胎体硬度以降低胎体耐磨性的方式，添加胎体弱化颗粒来降低胎体耐磨性的方式是从提高金刚石与胎体的同步磨损角度出发，通过合理地设计弱化颗粒参数以提高胎体与金刚石的磨损效率，其对胎体硬度、强度等其他力学指标影响相对较小。

胎体弱化颗粒的材质、粒度、浓度对胎体耐磨性弱化程度会产生直接影响，其设计依据必须考虑岩石的硬度、致密程度以及兼顾钻头钻进效率与使用寿命。

(1)弱化颗粒材质选择。弱化颗粒的抗压强度应远低于金刚石，具有一定的脆性且不与胎体材料发生熔合反应，易于从胎体表面脱落。在钻进过程中消耗较小的钻压即能够使弱化颗粒发生脆性破碎和脱落。前期的研究表明，弱化颗粒材质可选择刚玉类、硬质合金类、碳化硅等磨料。

(2)弱化颗粒浓度及粒度参数设计。

前期试验证明，弱化颗粒浓度设计不当的胎体存在以下几方面问题：弱化颗粒浓度过高则金刚石与胎体弱化颗粒互相黏结几率增加，削弱了胎体对金刚石的把持力，导致金刚石提前脱落造成钻头寿命缩短；弱化颗粒浓度过低则胎体力学性能改变不明显，金刚石仍然不易出刃。因此胎体弱化颗粒浓度的设计原则是在胎体强度少受损害的前提下适当降低胎体的耐磨损性能。

弱化颗粒粒度的选择同样存在一个最佳范围。弱化颗粒的材质易脆且与胎体把持力较弱，不易出现由于粒度较大导致自锐能力变差，影响钻进效率的情况。因此，弱化颗粒的粒度可适当大于所选用的金刚石粒度。因为如果胎体弱化颗粒粒度过小，则其脱落形成的凹坑也较小，胎体唇面粗糙度改变不明显。其次，由于粒度较小，提前破碎、脱落残留孔底的弱化颗粒对胎体的研磨能力较弱，提高岩粉研磨性的能力也较差。但是，若胎体弱化颗粒粒度过大，占据胎体体积空间过多，则易导致胎体对金刚石及弱化颗粒的把持力降低，胎体力学性能改变较大。根据试验经验，弱化颗粒粒度以 30/35 目为宜。

2.4.4　切削齿齿型结构设计

在坚硬致密弱研磨性地层钻进时多采用绳索取芯钻进工艺。绳索取芯金刚石钻头比常规单管、双管金刚石钻头唇面壁厚，其刻取环状面积较常规钻头增大 20% ~40% 。在保证钻头寿命的前提下，为提高钻头的钻进效率应特别重视切削齿齿型结构的研究。依据岩石的物理力学性能，金刚石钻头切削齿结构设计有以下设计原则：①钻头应具有较高的工作稳定性。钻头在孔底破碎岩石时，工况复杂，钻具承受着复杂、交变应力作用，加之孔底的流体作用等使钻头的受力与磨损存在较大差异，若钻头运转不平稳，则钻头易磨损成具有一定曲率的圆弧或出现偏磨现象，严重影响钻进效率。此外，钻头运转稳定对减振和防斜同样起到重要作用。②适当增加“自由切削面”以改善碎岩机理及提高钻速。适当增加底唇面自由面能提高破碎岩石的效率。但是过分地增加自由面，有时会缩短钻头使用寿命。③唇面造型与水口、水槽相配合，取得良好的排粉和冷却金刚石的效果[97-98]。针对坚硬致密弱研磨性地层的特点，具有代表性的切削齿型结构如图 2 -3 所示。

图 2 -3(a)所示为普通平底型切削齿，该切削齿型是金刚石钻头中造型最简单，使用范围最广的一种齿型，结构简单、钻头成型性好、通用性强。图 2 -3(b)所示为径向同心环齿型切削齿，该齿型钻头底唇面呈尖齿状且与所钻岩层的接触

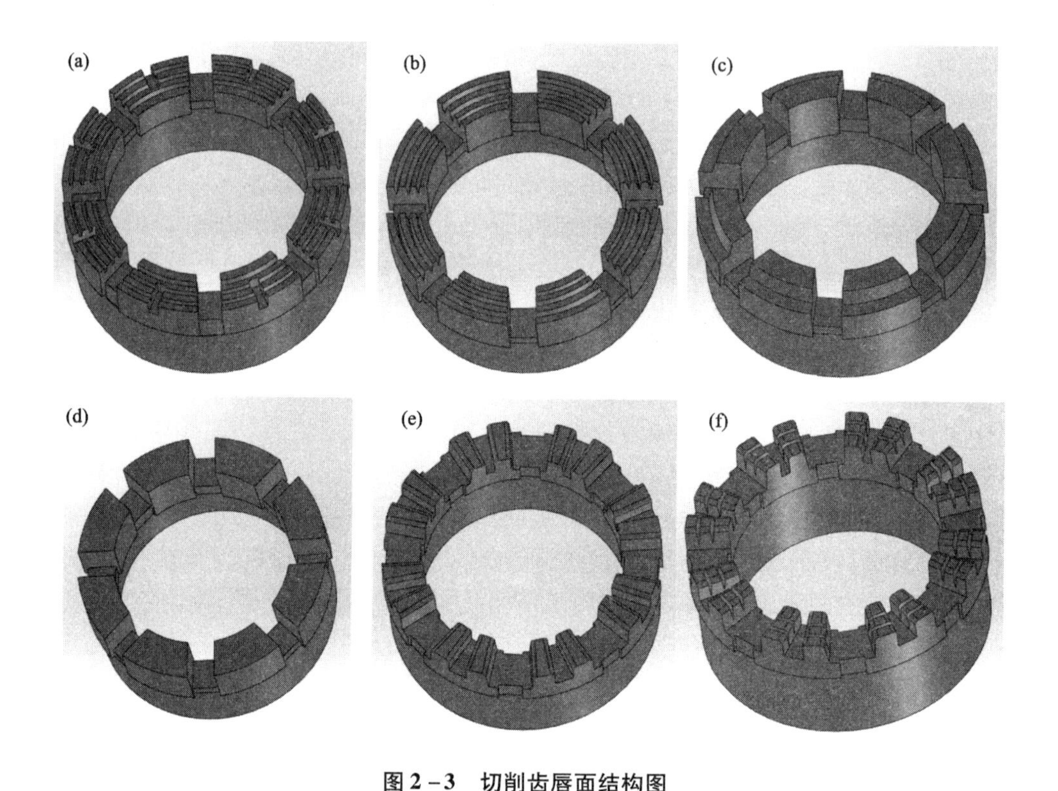

图 2－3　切削齿唇面结构图

(a)平底型；(b)同心环齿型；(c)高低齿型；(d)主辅水口型；(e)花齿型；(f)花齿增强型

Fig 2－3　Structure of cutting teeth：(a) flat bottom，(b) concentric ring，(c) stage tooth，(d) main－assist water way，(e) flower gear，(f) flower gear strengthen

面积小，钻头底唇面单位面积上的轴向荷载大；钻头底唇面上相邻尖齿能造成孔底的多自由面，有利于增加岩石体积破碎的几率，提高碎岩效率。此外，尖齿型能减少钻头径向摆动，增强钻头的工作稳定性。图 2－3(c)所示为高低齿型切削齿，该类钻头底唇面呈阶梯状，钻进过程中第一级阶梯首先与岩层接触，由于与岩石接触面积小，有利于提高唇面比压。阶梯型齿型结构具有良好的稳定性，能够一定程度上避免金刚石非正常冲击破损及防止孔斜等钻进事故。图 2－3(d)所示为主辅水口型切削齿，该齿型钻头在常规平底型钻头水口基础之上，在扇形工作块中间各增加一个辅水口，其端面尺寸为主水口一半且没有侧水槽。该齿型结构有效减少了钻头底唇面的工作面积，与常规平底型切削齿相比其底唇面积降低了 22.6%，使钻头底唇面的轴向荷载增加，有利于金刚石压入岩石。在坚硬致密弱研磨性岩层钻进时多采用大钻压、中转速、小水量的钻进规程，其切削齿中心部位不易冷却而形成高温区易发生金刚石微烧，由于副水口的存在，切削齿中心部位的高温区几乎不存在，与平底钻头相比，金刚石微烧几率降低，能够减少金刚石非正常失效的几率。图 2 - 3(e) 及图 2 - 3(f) 为花齿型及花齿加强型切削齿。该类切削齿的特点在于其唇面形状复杂，切削齿与岩石的接触面积小，单位面积轴向荷载大，破碎岩石的岩粉颗粒粗，增强了岩粉对胎体的磨损。其次，复杂的唇面形状使得底唇面的过水面积相应增加，钻头底唇面与孔底岩石之间间隙的冲洗液流量降低，易于残留岩粉磨损胎体，促进金刚石出刃。花齿增强型切削齿与花齿型切削齿的区别在于其切削齿唇面增加两道环状沟槽更加有利于残留岩粉和增大唇面比压。

应当指出的是，由于钻进坚硬致密弱研磨性岩层时常采用强力钻进规程，若切削齿唇面结构复杂，易导致钻头底唇面与所钻岩石之间产生强烈的摩擦作用，造成钻头孕镶层高度的急剧磨耗，影响钻头使用寿命。对于复杂切削齿唇面的钻头，适当增加工作层高度能够达到较好的技术经济效果。

2.5　本章小结

本章探讨了金刚石钻头在坚硬致密弱研磨性地层钻进时的工作机理，分析了钻头打滑的原因，探讨了金刚石钻头设计中的金刚石参数、胎体耐磨性、胎体耐磨性弱化方式及切削齿齿型结构等因素对钻进性能的影响，得出以下结论：

(1) 采用压入硬度、单轴抗压强度及研磨性指标能够比较集中地反映岩层的主要物理力学特性和可钻性指标。岩石三种特性综合出现，是导致金刚石钻头钻进打滑的前提条件，若去除其中一个，特别是大压入硬度或弱研磨性，则金刚石钻头打滑现象将不复存在。

(2) 常规金刚石钻头出现钻进打滑现象，其主要原因有以下几个方面：①岩石结构致密且研磨性弱，钻头胎体不易磨损导致金刚石无法正常出刃；②金刚石参数设计不合理；③胎体耐磨性参数设计不合理；④钻进规程选择不当。

(3) 对于在坚硬致密弱研磨性岩层钻进的金刚石钻头，其金刚石参数应采用高品级、细粒度、低浓度的设计方案，金刚石粒度以 40/50 目和 50/60 目混镶使用为宜，且金刚石浓度不得高于 75%；弱化颗粒材质可选用刚玉类、硬质合金类、碳化硅等磨料，其粒度以 30/35 目为宜，浓度应控制为 15% ~35%；切削齿的齿型结构能够影响钻头在坚硬致密弱研磨性岩层的钻进效率，应以提高唇面比压及保持钻进稳定性为指导方针合理设计切削齿的齿型结构。

第 3 章　室内试验台的研制

钻头现场试验环境复杂，人为因素易对试验结果产生影响，试验方法通常不精确。因此，相关科研单位希望能找到一种合理、有效而且精确的方法进行金刚石钻头对岩石可钻性影响的研究。现阶段为金刚石钻头对岩石的可钻性提供分级方法的主要硬件设备是微钻试验台。微钻试验台是多种技术结合的机电产品，它能在室内完成钻头的时效、寿命、岩石可钻性的试验，从而排除在室外从事钻探试验时的各种复杂因素。微钻试验台一般由成套的独立设备和独立监测仪表组成，试验对象通常为 ϕ49 ~ 150 mm 的岩石样本，采用金刚石钻头进行钻进试验（设定为恒速或者恒压），钻头尺寸一般不大于 ϕ36 mm。本章提出了一种微钻试验台的改造方案，在现有工程水钻机的基础之上对其进行了自动化升级，以期满足室内钻进试验的要求。

3.1　试验台基本功能

试验台主要由工程水钻机、液压升降系统、冷却系统、夹持系统、计时及限位等控制系统组成，能够模拟钻探工作并提供试验数据。通过对试验过程中钻进压力、回转速度、位移量、冲洗液量等参数的采集，尽可能真实地反映钻头的钻进过程。本次设计的微钻试验台的基本性能参数如表 3 - 1 所示。设计结构图及实物图分别如图 3 - 1、图 3 - 2 所示。

表 3 - 1　试验台基本性能参数表

Table 3 - 1　Basic performance parameters of test platform

钻机功率 /W	钻机电压 /V	钻机转速 /(r · min^{-1})	额定钻压 /MPa	压力精度 /MPa	最大进尺深度 /m
2800	220	700 ~ 1200	6.3	0.1	250

室内钻进试验时，由液压执行元件液压油缸带动钻机做升降及加压钻进。通过切换电磁换向阀的操作按钮实现钻进时钻机的自动上升和下降动作。通过调节溢流阀的旋钮调整钻进压力，通过油压表读取压力读数。钻机上加装了行程限位开关及行程限位挡块，钻进至预定深度时，钻机上的行程限位挡块触碰行程限位

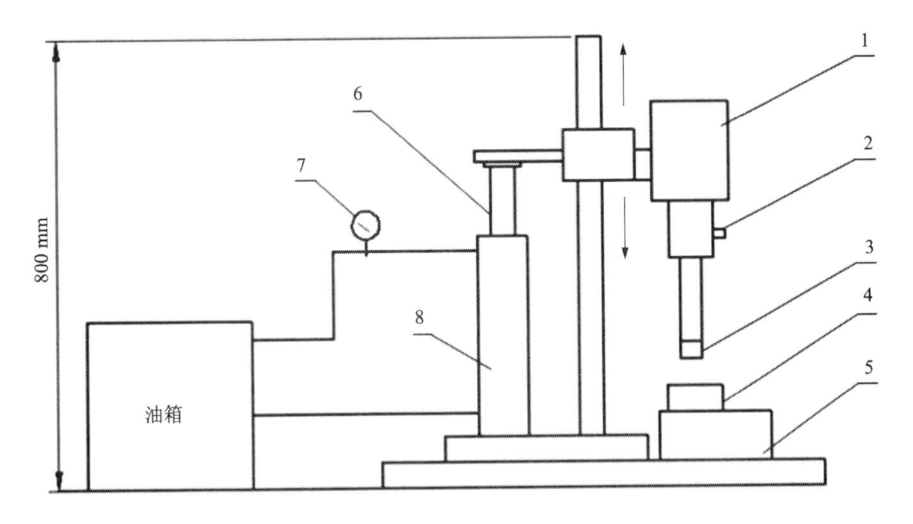

图 3－1　室内试验台设计结构图

1—工程水钻机；2—冷却水进水口；3—试验钻头；4—岩芯样本；5—夹持装置；
6—活塞杆；7—压力表；8—液压油缸

Fig 3－1　Laboratory test drilling system design：（1）drilling rig，（2）Intake，（3）bit，（4）core，（5）holding device，（6）piston rod，（7）pressure gauge，（8）hydraulic cylinder

图 3－2　室内试验台实物图

Fig 3－2　Laboratory test drilling system

开关，钻机停止钻进，电磁换向阀控制油路换向，完成钻机自动上升动作。钻机控制板上加装了数显计时器，自动记录钻进时间。钻机的冷却系统加装了节流阀，实现不同水流量的调节。钻机周边用混凝土浇筑引水槽，冷却水及岩粉直接通过引水槽流入下水井。岩样或标准试块在钻机工作平台上由夹紧装置固定，保证试验的顺利进行。

3.2 试验台各子系统及功能设计

3.2.1 液压给进系统设计

微钻试验台采用液压给进方式实现钻机升降及加压钻进操作，液压给进具有传动装置质量小、结构紧凑、传动平稳等优点。该液压系统由液压泵站、液压缸、液压控制元件及液压辅助元件组成。本次设计的液压压力控制回路结构图如图3－3所示。采用定量泵供油方式，由于属于中低压液压系统，故采用直动式溢流阀控制系统的压力大小，为了便于观察压力大小，在液压泵出油口处设置了油压表。采用三位四通电磁换向阀实现执行元件液压缸的下降和上升动作。

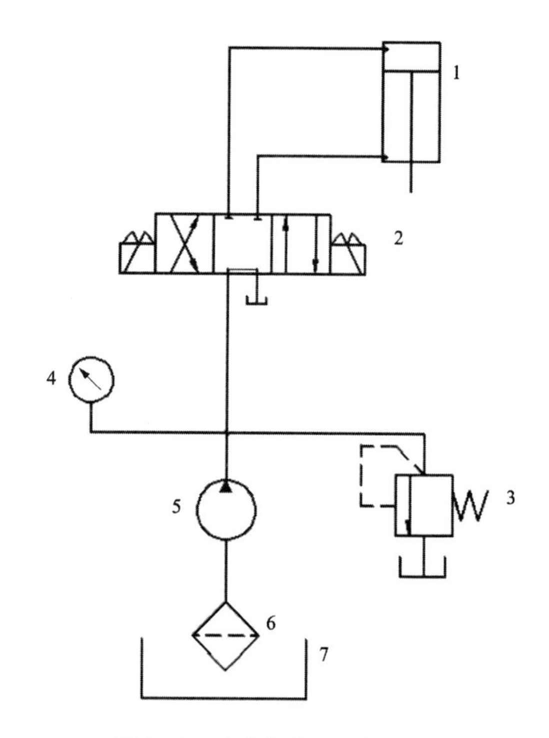

图3－3 试验台液压回路结构图

1—液压缸；2—三位四通电磁换向阀；3—叠加式直动溢流阀；4—油压表；5—定量齿轮泵；6—滤油器；7—油箱

Fig 3－3 Hydraulic circuit：(1) hydraulic cylinder，(2) 4/3 way Solenoid valve，(3) relief valve，(4) oil pressure gauge，(5) quantitative gear pump，(6) oil filter，(7) oill tank

(1)液压泵站布置方式的设计

液压泵站是一种元件组合体，通常由液压泵组(液压泵、电动机、传动底座)、油箱组件(油箱、液位计、放油塞)、温控组件(冷却器、加热器及温度传感器)等相对独立的单元组合而成[99]。泵组的布置方式通常有卧式泵站和立式泵站两种。立式泵站的泵组采用立式安装并置于油箱顶板上，如图3－4(a)所示。这种安装方法有利于改善泵的吸油条件和收集漏油，但泵的散热条件较差。卧式泵站采用卧式安装，并置于油箱顶板上，如图3－4(b)所示。该安装方法便于安装、维修和散热，但是需要另设滴油盘收集漏油。受试验台安放空间位置的限制，本次泵组选用立式设计方案。

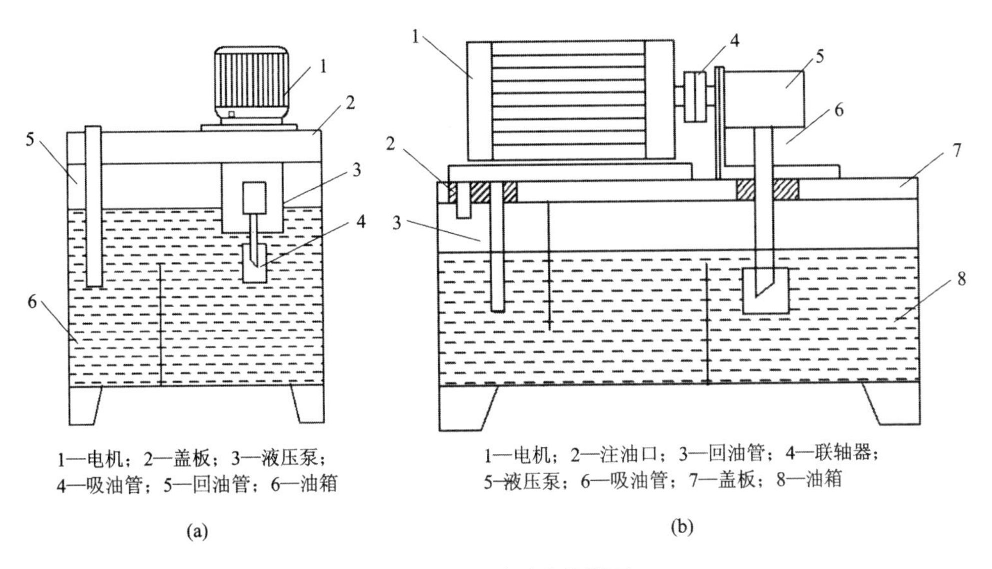

图 3－4　泵站形式分类图

(a)立式泵站；(b)卧式泵站

Fig 3－4　Pumping station classification figure：(a) vertical，(b) horizontal type

按液压泵的流量特性，可分为定量泵和变量泵两种类型。变量泵按输油方向可分为单向变量泵和双向变量泵。前者工作时，输油方向不可变，后者通过调节可以改变输油方向。表 3－2 所示为液压系统中常用液压泵的主要性能。

表 3－2　液压泵主要性能参数

Table 3－2　Performance parameters of hydraulic pump

性能	齿轮泵	叶片泵	径向柱塞泵	轴向柱塞泵	螺杆泵
输出压力	低压	中压	高压	高压	低压
流量调节	不能	不能	能	能	不能
效率	低	较高	高	高	较高
输出脉动	大	较小	一般	一般	一般
自吸能力	强	较差	较差	较差	较强
噪音	较大	小	大	大	较小

由于齿轮泵相比于其他泵型体积小、重量轻、流量均匀、寿命较长，因此适

用于体积要求紧凑且质量要求轻便的微钻试验台。本次设计选用 CB－B10A 型内插式齿轮泵，流量为 10 L/min，额定压力 6.3 MPa，额定转速为 1450 r/min。电机选用 YS8024 三相异步立式电机，功率为 750 W，额定转速为 1400 r/min，电压为 380 V。电机与齿轮泵之间采用弹性联轴器联接。在安装过程中，应注意保持液压泵与原动机的同轴度，检查液压泵进出油口是否密封牢固且避免涂有油漆的壳体置于油箱液面以下。

(2)油箱结构的设计

油箱用于储存系统所需的足够工作介质，散发系统工作中产生的热量，分离工作介质中的一部分气体及沉淀物。油箱设计的基本原则如下：①具有足够容量，满足液压系统对油量的要求；②油箱上部设有通气孔，保证油泵正常吸油；③油箱底部应设计坡度，最低处设置有放油孔，侧壁设置观测孔；④能够散发系统正常工作中产生的热量，确保温度不超过允许值[100]。

油箱的类型根据油箱液面与大气是否联通，分为开式油箱和闭式油箱；根据形状可分为矩形油箱和圆柱形油箱；根据与液压泵的相对位置可分为上置式、下置式和旁置式三种油箱。本次设计采用的是上置式方形开式油箱，其结构示意图如图 3－5 所示。采用上置式结构设计可以将液压泵等装置安装在油箱盖板上，节约空间。油箱底部设计为斜坡状且最低处设有放油口，便于放油和排渣。

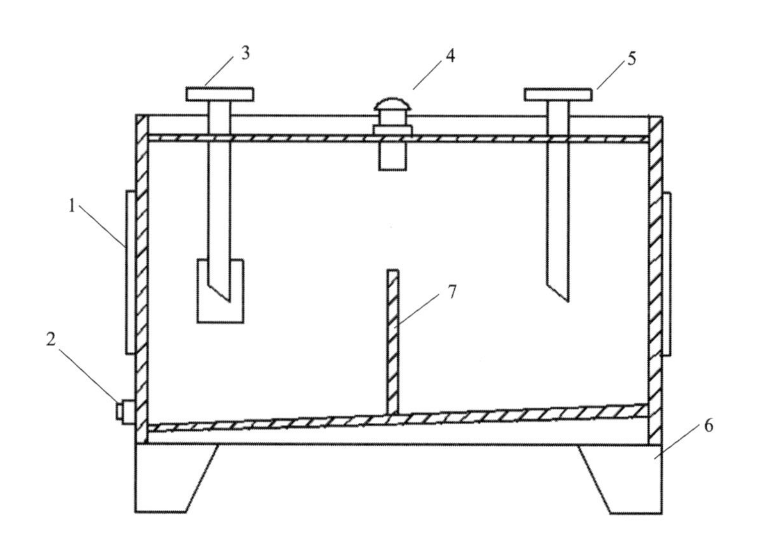

图 3－5　油箱结构示意图

1—清洗口；2—放油口；3—吸油管；4—注油孔；5—回油管；6—底脚；7—溢流型隔板

Fig 3－5　Structure of oill tank：(1) cleaning port, (2) oil outlet, (3) oil suction pipe, (4) oil hole, (5) return line, (6) footing, (7) partition plate

油箱容量的确定是油箱设计的关键。油箱体积过大，则增加占地空间及设备重量，操作不便；体积过小则散热面积不足，液压介质在油箱中的滞留时间缩短，影响热交换时间，从而影响设备的正常使用。在低压系统中，油箱有效容量通常为油泵额定流量的 2 ~4 倍。参照 JB/T 7938—1999 ，本次设计油箱容量为 30 L，外形尺寸为：长 450 mm × 宽 300 mm × 高 270 mm。油箱底部设置有底角，高度 150 mm，便于冷却和放油。油箱中设置有标准溢流型隔板，将吸油管和回油管隔开，增加液流循环途径，提高散热、分离空气的效果。

(3)液压油管设计

油管的作用是将液压系统中各个液压元件连接起来，以保证液压系统的循环和能量传递。油管的设计要求为在输油过程中能量损失小，具有足够的强度且便于安装。在选择油管时应根据系统的压力、流量以及工作介质和使用环境的要求选择适当的口径、壁厚、材质和管路。表 3 -3 为常用管道材料的性能表。表 3 -4 为流量与管径的关系表。

表 3 -3　管道材料性能参数表

Table 3 -3　Performance parameters of pipe materia

材料	优点	缺点	应用范围
钢管	价格便宜，工作压力较大	装配时不能弯曲	装配部件少，产品定型的大功率液压系统中
铜管	可弯曲，装备方便，适应压力范围较广	价格高	机床液压系统中
橡胶管	抗振性能好，装配方便能吸收系统冲击	成本高，寿命短	压力较低的回油管路
塑料软管	价格便宜，装配时连接方便	易老化，承压能力低	回油管路或泄流管路
尼龙管	可逆性大，加热后管道可弯曲	无法承受高压	低压回路系统

表 3－4　泵流量与管径关系表

Table 3－4　Relationship between pump flow and pipe size

流量/(L·min^{-1})	吸油管/mm	回油管/mm	压油管/mm
2	5～8	4～5	3～4
3	7～11	6～7	4～6
6	8～14	7～8	4～7
9	10～16	10～12	6～10
13	12～20	12～14	7～12
16	15～26	13～15	8～13
18	16～28	14～16	8～14
20	17～30	15～17	8～15
23	18～32	16～18	10～16
25	20～33	16～20	10～18
28	20～34	17～20	10～19
30	20～36	18～20	10～20
32	21～37	18～21	10～20
36	22～40	20～22	10～22

本次设计的吸油管和回油管均选用钢管，直径 20 mm，长度 70 mm，能够满足油管插入最低液面以下且高于底面 3 倍管径距离，有效避免油箱底部沉淀的杂质吸入泵内。管端斜切 45°且斜口面向箱壁以增大流通面积降低流速，吸油管底部安装网式过滤器，滤网为 150 目，能有效保护液压泵不受大颗粒机械杂质的损坏。压油管选用 HYDRAULIC HOSE 钢丝编制液压胶管，型号 602－0601－32 MPa MT，外径 15 mm，内径 6 mm，工作压力 32 MPa。采用压扣式管接头与液压元件进行联接。本次设计液压油选用的是 32 号全损耗系统低粘度矿物油。

(5)液压缸设计

液压缸是将液压泵输出压力能转为机械能的执行元件。它主要是用来输出直线运动。液压缸的常见形式如表 3－5 所示。由于本系统运动行程较短且属于低速运动，因此本次设计选用的是 MOB 型单活塞杆式双作用轻型液压缸，使用压力范围为 0.3～7.0 MPa，缸筒内径 30 mm，活塞杆外径 16 mm，活塞杆推出受压面积为 7.07 cm^2，拉入受压面积为 5.06 cm^2，行程 250 mm。其结构图如图 3－6 所示。

表3-5　液压缸常见种类及特点

Table 3-5　Common types and characteristics of hydraulic cylinder

分类	名称	说明
单作用液压缸	柱塞式	仅单向运动，返回行程是利用自重推回
	单活塞杆式	仅单向运动，返回行程是利用自重推回或负荷将活塞推回
	双活塞杆式	两侧均有活塞杆，只能向活塞一侧供压力油
	伸缩式	短缸获得长行程，利用液压油由大到小逐节推出
双作用液压缸	单活塞杆式	单边有液压杆，双向液压驱动，双向推力和速度不等
	双活塞杆式	双向有液压杆，双向液压驱动，实现等速运动
	伸缩式	双向液压驱动，利用液压油由大到小逐节推出
组合液压缸	弹簧复位式	单向液压驱动，由弹簧复位
	增压式	由低压力腔驱动在另一腔获得高压力

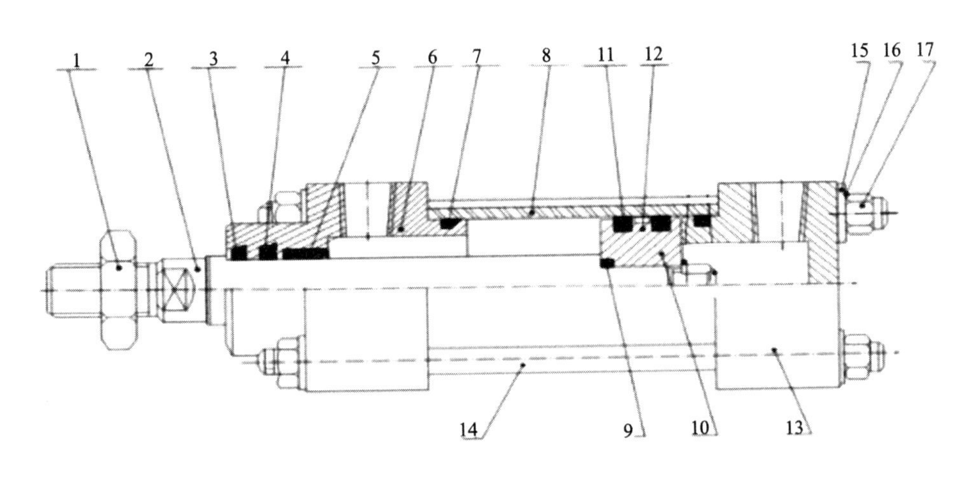

图3-6　液压缸结构图

1—活塞杆螺母；2—活塞杆；3—防尘圈；4—油封；5—支撑环；6—前盖；7—O形密封圈；8—缸筒；9—活塞O形圈；10—活塞；11—活塞密封圈；12—导向耐磨环；13—后盖；14—拉杆；15—平垫；16—弹片；17—拉杆螺母

Fig 3-6　Structure of hydraulic cylinder: (1) piston rod nut, (2) piston rod, (3) a loop of dustproof, (4) oil seal, (5) support ring, (6) front cover, (7) O ring, (8) piston bore, (9) O ring, (10) piston, (11) piston seal, (12) wear ring, (13) end cover, (14) tie rod, (15) flat gasket, (16) dome, (17) pull-rod nut

液压缸的理论工作能力为：

$$F_{推} = \pi D^2 P/4 = \pi \times 30^2 \times 6.3/4 = 4450.9\ \text{N}$$

$$F_{拉} = \pi(D^2 - d^2)P/4 = \pi \times (30^2 - 16^2) \times 6.3/4 = 3184.9\ \text{N}$$

式中：D—油缸内径，mm；d—活塞杆外径，mm；P—工作压力，MPa

(6)控制阀组件设计

本次设计的控制阀集成组件由油路块、阀门、底座组成。阀门包括：叠加式直动溢流阀、电磁三位四通液动换向阀、压力表。本次设计选用的是 MMC－02－1W 型标准油路块，外型尺寸为 70 mm×70 mm×50 mm。为了便于安装和使用方便，采用 MRV－02P－3－20 型叠加式直动溢流阀作为压力调节控制元件，公称压力为 31.5 MPa。采用叠加阀的形式连接阀组，每个叠加阀不仅可以起到单个阀的作用，还能起到油路通道的作用，有效节省安装空间，消除因管件间连接引起的泄漏、振动和噪音[101]。采用电磁三位四通换向阀可以实现液压系统执行元件的换向、启动和停止，其型号为 4WE6E－6x，公称压力为 31.5 MPa。油压表型号为 YN－60 型，表头最大读数 150 kg/cm^2，连接于溢流阀的进油口处。直动溢流阀及电磁换向阀的结构图分别如图 3－7(a)及图 3－7(b)所示。为了防止钻机在钻进过程中，进尺过多，钻穿底板，在特定位置加装了 HL－5000 型直动式行程限位开关及限位挡块，当钻机下降至预定位置时，限位挡块触碰到行程限位开关，电磁换向阀断电，阀内活塞在复位弹簧的作用力下，复位归中。此时，进油口和出油口互通，液压油直接流回油箱，钻机停止向下钻进，有效保护钻机试验台底板的安全。此外，本系统加装了 HY504 型数显计时器，实现了钻进时间的计时功能。

3.2.2 冷却及夹持系统

试验台在进行钻进试验时，会产生大量的热量以及碎屑，如果温度过高则会影响试验的稳定性，此外，碎屑过多同样会影响试验人员的安全。因此，冷却系统必须稳定可靠，且由于存在电器设备，要避免产生短路的危险。在自来水有充足压力的情况下，能够提供 10 L/min 流量，参照其他类似试验台冷却经验，已经能满足冷却温度的要求，不必额外配备水泵。可将送水管直接连到微钻台上的微型分水接头上。微型分水接头的结构原理与普通钻进用的水接头原理相同，本次设计加装了节流阀，可以根据试验要求调节冷却水流量。试验台周围浇筑了混凝土导水槽，导水槽直接与下水井连通，使冷却水及岩屑能及时顺利排出。

由于岩芯样品及试验砖的规格尺寸较多，所以在设计夹紧装置时，一方面要考虑如何有效固定岩样，另一方面还需考虑工作台移动的方便性。本次设计的工作台是在 ZX50C 型钻铣床工作台的基础之上进行改进的，通过旋转手轮可以实现工作台轴向的移动。在工作台面上设有多道定位螺纹孔，根据实验砖的尺寸将定位螺杆置于相应的定位螺纹孔内，用 L 形钢固定夹紧试验砖。通过旋转手轮可

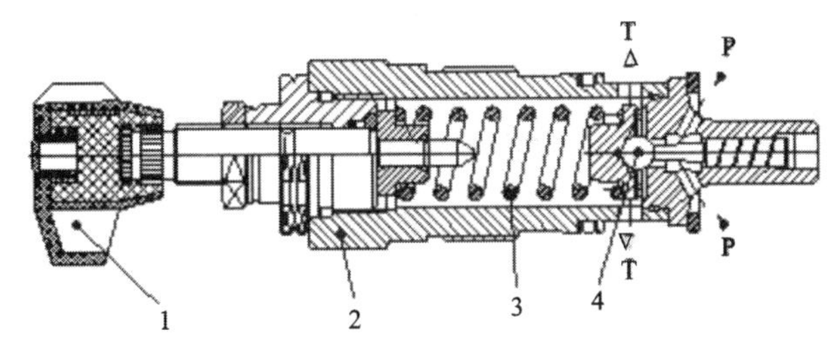

1—压力调节螺栓；2—阀体；3—弹簧；4—连接螺栓

(a)

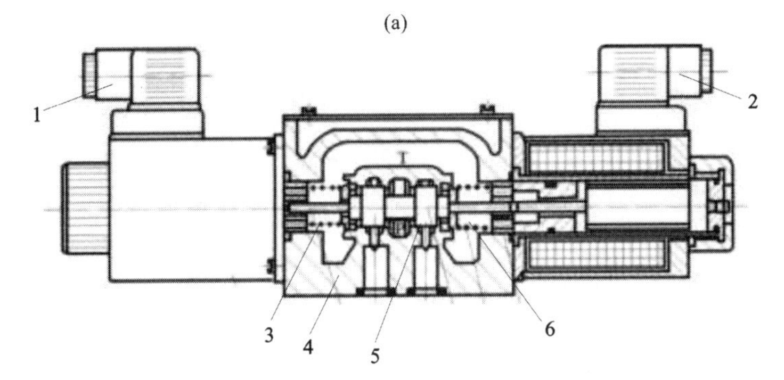

1—左电磁铁；2—右电磁铁；3—左复位弹簧；4—阀体；5—阀芯；6—右复位弹簧

(b)

图 3 –7　设计阀门结构图

(a)直动式溢流阀结构图；(b)三位四通电磁换向阀结构图

Fig 3 –7　Structrue of valve：(a) overflow valve，(b) magnetic exchange valve

以任意调整试验砖与钻头的相对位置。工作台结构示意图如图 3 –8 所示。

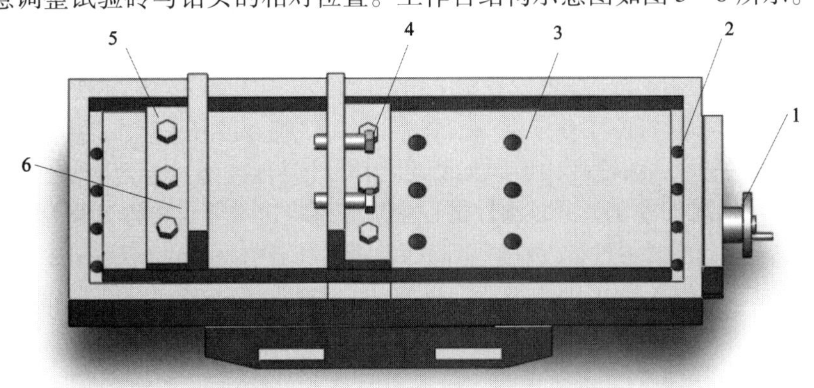

图 3 –8　工作台夹持系统示意图

1—横向位移调节手轮；2—泄水孔；3—预留定位螺纹孔；4—试验紧固螺栓；5—夹具紧固螺栓；6—定位夹具

Fig 3 –8　Structure of workbench：(1) control hand wheel，(2) outlet entrance，(3) tapped hole，(4) fastening bolt，(5) fixture fastening bolt，(6) positioning fixture

3.3 试验台性能调试

调试前，应根据设备相关说明书及技术资料，全面了解被调试设备的结构、性能、使用要求、操作原理，以及机械、电器、液压等方面的联系，读懂液压原理图，弄清液压元件在设备上的实际安装位置及结构，熟悉液压系统用油的牌号和要求。调试分为以下三个阶段：

(1)外观检查阶段

这一步骤过程中重点检查各液压元件安装及管道连接是否正确。例如液压泵的入口和出口及旋转方向是否和泵上标明的方向一致。检查油箱中的油液牌号和过滤精度是否符合要求，液面高度是否合适以及液压泵电机的转动是否轻松、均匀。

(2)空载试车阶段

空载试车是指在不加荷载运转的条件下，全面检查液压系统的各液压元件以及辅助装置和系统回路是否正常。首先间歇启动液压泵，使整个系统滑动部分得到充分润滑，观察其运转是否正常，有无刺耳噪音以及油箱液面是否有过多的泡沫；然后调节液压缸以最大行程多次往复运动，打开系统的排气阀排除积存空气，从压力表上观察油路压力是否在正常压力之内，检查各液压元件及管道外泄漏、内泄漏是否在允许范围之内；最后与电器设备配合检测启动、换向及速度调整时系统运转的平稳性，检查各类阀门在调节过程中有无异常现象，检查行程限位开关及数显时间计时器是否工作正常[102]。

(3)负荷试车阶段

负荷试车阶段是指使液压系统按设计要求在预定负载下工作。通过负荷试车检查系统能否实现预设工作要求，如工作部件的力、力矩或运动特性等；检查噪音和振动是否在允许范围之内；检查试验台夹持系统及冷却系统是否满足设计要求。在该测试阶段，试钻多种不同类型的岩样及试验砖，重点检测试验台的工作性能稳定性，如图3－9所示。测试过程中冷却系统，调压系统均工作正常，满足了钻进的需求。在试钻过程发现以下问题并提出修改方案：①试验砖的体积较大且尺寸较规整，在自重作用下即可保证钻进时不发生偏移现象，因此试验台的夹持系统满足钻进试验砖的夹持要求。但是，在钻进岩芯样本时，由于岩芯尺寸较小不易紧固，为此设计了紧固套筒，将岩芯置于相应尺寸的紧固套筒内，用沉头螺栓紧固，将紧固套筒置于定位护木槽内再固定夹具能够实现钻进时所需的紧固要求，解决岩芯紧固不牢的问题。②尺寸过小的岩芯，在钻进过程中易增加脆性破碎的几率，通过大量的试钻总结得出岩芯最小尺寸不得低于49 mm。③由于液压缸运行具有一定的初始工作压力，为0.5～1.0 MPa，在钻进的过程中，易使得胎体硬度较大的试验钻头在钻机与岩芯接触瞬间，由于压力过大，出现钻机电机扭矩过大，过流保护自动停钻的现象。因此，在钻进开始前对钻头进行开刃处理，能够有效避免钻进过流的现象。④在不影响使用的情况下，钻机在加压过大时与试验台底座存在一定程度的振动现象，由于现实钻进工况条件下，钻机的振动与抖动也是客观存在的，且对钻进效率起到较大的影响，因此，本次设计在保证正常钻进的前提下，并未刻意加强试验台的振动稳定性，允许一定程度的振动，尽可能与现实工况条件一致。

图 3－9　工作台性能测试

(a)钻进试验砖；(b)钻进 49 mm 岩芯样品；(c)钻进 83 mm 岩芯样品；(d)紧固套筒及岩芯

Fig 3－9　Bench performance test:

(a) test brick, (b) 49 mm core sample, (c) 83 mm core sample, (d) fastening sleave

3.4　本章小结

本章在现有工程水钻机的基础之上对其进行了自动化升级，以期满足室内钻进试验的要求。通过对室内微钻试验台的升级和试运行得出以下结论：

（1）试验台系统运转正常，能够满足 ϕ36 mm 以下钻头的室内钻进试验需求，证明本次设计合理可行；

（2）钻进岩芯样本时，岩芯尺寸过小易增加脆性碎裂的几率，岩芯尺寸以大于 49 mm 为宜；

（3）受液压缸运行初压的影响，钻机初始压力较大，在钻进的过程中易造成胎体硬度较高的试验钻头在钻机与岩芯接触瞬间，由于钻压过大，金刚石出刃不良，钻头无法定位进尺，导致钻机的电机扭矩过大，出现过流保护自动停钻的现象。因此，在钻进开始前应对试验钻头进行开刃处理，避免钻进时钻机出现过流保护而停机的现象。

第 4 章　弱化胎体耐磨性钻头的室内试验研究

本章首先对钻头胎体成分设计进行了探讨。利用混合实验和极端顶点设计法对 WC 基胎体配方性能进行了优化，利用 Excel 中的回归分析工具求解得出了胎体硬度及胎体耐磨性的回归方程，并进行了最优值的预测，通过验证性试验证明了预测值的准确性。然后，试制了胎体耐磨性经弱化处理的金刚石微钻头，并进行了室内钻进试验。室内试验分三个阶段进行，第一阶段的重点为优选合适的材料作为胎体耐磨性弱化颗粒。分别选用棕刚玉、黑碳化硅、硬质合金钢丸作为耐磨性弱化颗粒材质，试制微钻头并进行了钻进试验。利用 EPMA - 1720 型电子探针及体式显微镜对钻头胎体形貌进行观察和碎岩机理分析。第二阶段的重点为综合考虑弱化颗粒浓度、金刚石粒度、金刚石浓度及胎体硬度等影响因素，设计正交试验表，通过钻进试验对设计参数进行优化组合得出最佳的设计方案，并进行验证试验。第三阶段的重点为测试钻进参数对钻进性能的影响，探讨钻压及主轴转速对钻进效率的影响。

4.1　钻头胎体成分设计

近年来国内外许多科研人员采用单变量法或正交试验法研究胎体成分对性能的影响，但是上述方法所需试验量较大，易造成试验误差。1966 年 Purder University 的 V. L. Anderson 和 University of Tennessee 的 R. A. Mclean 首次提出混合实验和极端顶点设计法的概念，其指出设计法中各因素之和为“1”，回归方程中无二次项，可显著减少实验次数[103]。混合实验和极端顶点设计法具有较大的适用性和较好的准确性，但是其在金刚石工具的胎体成分设计中应用较少，本节采用混合实验和极端顶点设计法优化设计 WC 基胎体配方。

4.1.1　试验方法选择

孕镶金刚石钻头的胎体是由多种金属粉料依据设计要求按一定配比混合组成的，且金属粉料含量的百分比总和为 1。因此，无约束条件的正交设计法、回归分析法及回归正交试验法等均不适合应用于该类配方试验研究。混料回归试验法较为适合应用于研究配方设计的问题。其特点是参加试验的 P 个因素成分含量的百分比相加总和为 1。在 P 个因素成分中只有 $P-1$ 个因素成分的含量百分比可以在适当范围内浮动，在 $P-1$ 个因素成分的含量确定以后，余下的一个因素成分的含量也就随之确定[104]。即在混料回归试验中，设 X_1，X_2，…，X_p分别表示 P 个因素，混料回归设计的基本约束条件为：

$$X_i \geq 0 (i=1, 2, \cdots, P)$$
$$X_1 + X_2 + \cdots + X_p = 1 \tag{4-1}$$

在孕镶金刚石钻头胎体配方设计中，某些金属粉末的设计比例必须控制在某一个区间范围内，否则胎体的力学性能从理论上无法满足设计要求。例如 WC 基胎体中，WC 作为骨架材料其设计比例必须占一定的份额，故其他金属粉末的设计比例不能在[0, 1]范围内任意设计，而是存在一个设计范围，即混料设计试验中因素成分取值被限制在因素空间[0, 1]的某一个子集内。假设每一个因素成分都兼有上界和下界的约束，则该类型混料回归设计的约束条件为：

$$0 \leq a_i \leq X_i \leq b_i \leq 1 (i=1, 2, \cdots, P)$$
$$\sum_{i=1}^{p} X_i = 1 \tag{4-2}$$

混料回归试验设计中的单纯形格子设计和单纯形重心设计均不适合其约束条件，而极端顶点设计方法则能较好地满足其约束条件。极端顶点设计是一种渐近最优的试验设计方法。即在限制平面 $X_i=a_i$，$X_i=b_i(i=1, 2, \cdots, P)$等交线上满足 $\sum_{i=1}^{p} X_i = 1$ 的点，称为极端顶点，利用极端顶点子集所构成的混料试验设计称为极端顶点设计。

4.1.2 试验设计

为了研究 WC 基胎体配方中 WC 的含量变化对胎体力学性能的影响，以及 Ni 的最优添加量，并探索 Mn、Co、663Cu 等金属与 WC 的组合比例和影响规律，选取碳化钨、钴、镍、锰、663 青铜元素含量为因素，进行胎体配方试验。其中，碳化钨作为主要骨架材料，其设计含量范围为 30% ~50%，镍的含量范围为 5% ~15%，663 青铜的含量范围为 25% ~50%，钴含量范围为 5% ~10%，锰作为脱氧剂，其含量为固定量 5%。将固定量和钴含量合在一起构成一变量，则本次设计的试验是总百分比为 1 的一个四因素试验：WC(x_1)含量为 30% ~50%，Ni(x_2)含量为 5% ~15%，Co + 固定量(x_3)含量为 5% ~15%，663Cu(x_4)含量为 25% ~50%。本次试验将胎体的洛氏硬度（HRC 值）和磨损失重量作为衡量试验配方性能优劣的指标。该试验的设计目的是建立试验指标与混料配方中的各组分的回归方程，并利用回归方程求取最佳配方。混料配方设计中的数学模型由混料的约束条件所决定，混料回归试验设计法与一般回归法的区别在于其所采用的数学模型没有常数项和平方项，只有一次项和交互项[105]。本试验为四因素试验，只考虑任意两因素间的交互作用，则选取四因素二次多项式的回归模型，如下：

$$\hat{y} = b_1x_1 + b_2x_2 + b_3x_3 + b_4x_4 + b_{12}x_1x_2 + b_{13}x_1x_3 + b_{14}x_1x_4 + b_{23}x_2x_3 + b_{24}x_2x_4 + b_{34}x_3x_4 \quad (4-3)$$

该回归模型中共有 10 个未知数，则试验次数应为 10 次以上，但是值得一提的是试验次数若过多，则增加试验难度和周期，因此通常选择 12 个试验号左右。按构造{4，2}极端顶点设计方法，首先列出以上界或者下界为成分值进行搭配的极端顶点。因为各点的成分总和等于 1，所以在四个成分中最多只能有三个成分取其上界或下界值进行搭配，为此须留出一个空档，以便其他三个确定之后，再在空档中填入适合的数值，使其成分总和等于 1，得到该试验的所有顶点。如果试验的回归方程中的未知数多于极端顶点个数，那么应补充一些由极端顶点构成的棱、面、体的中心作为试验点，以确保试验的可靠性。本次混料试验选取 11 个试验号，回归试验设计表如表 4－1 所示。

表 4－1　混料回归试验设计表

Table 4－1　Mixing regression test design

试验号	x_1	x_2	x_3	x_4
1	0.30	0.05	0.15	0.50
2	0.30	0.15	0.10	0.45
3	0.30	0.15	0.15	0.40
4	0.50	0.05	0.10	0.35
5	0.50	0.05	0.15	0.30
6	0.50	0.15	0.10	0.25
7	0.30	0.10	0.10	0.50
8	0.50	0.10	0.15	0.25
9	0.35	0.10	0.10	0.45
10	0.45	0.15	0.15	0.25
11	0.38	0.07	0.13	0.42

4.1.3　试样制备与性能测试

本次试验重点测试胎体的硬度和耐磨性，金属粉料物理性能如表 4－2 所示，试样尺寸统一为 ϕ20 mm × 10 mm。选用碳素石墨作为模具，模具由外模、上压头、下压头组成，模具示意图如图 4－1 所示。模具设计为三个通孔，高度为

30 mm，首先装配下压头，然后将混合完毕的金属粉料添加至石墨模具中，最后将上压头置于石墨模具上，热压烧结至上压头与模具齐平。本次试验热压烧结设备为 KGBS－B 节能型可控硅中频炉，烧结温度依据胎体中 WC 成分的含量分别进行设定，设定范围为 950～1010℃，保温时间 3 min，烧结压力 2 MPa；采用 HL10 型三维混料机进行粉料混合，单批混料时间为 2 h。采用 TH500 型硬度计进行试验样品的洛氏硬度值测试。每种设计配方烧制三个试样，每个试样测量三个点，取其平均值作为该设计配方的硬度值。胎体耐磨性试验采用 MM200 磨料磨损试验机进行，试验设定转数为 200 r/min、压力为 100 N、研磨时间为 10 min。试验完毕后首先用电吹风将样品吹干，然后采用分析天平测量试样失重。

表 4－2　金属粉料物理性能表

Table 4－2　Metal powder physical properties

粉料名称	粒度	密度/(g·cm^{-3})	制备方法
WC	<2.0 μm	15.63	还原法
Co	180/230 目	8.90	气雾法
Ni	200/250 目	8.91	电解法
Mn	200/250 目	7.2	电解法
663Cu	270/320 目	8.96	电解法

图 4－1　模具组装图

1—外模；2—上压模；3—样品

Fig 4－1　Mold assembling: (1) external－modes, (2) stamper, (3) sample

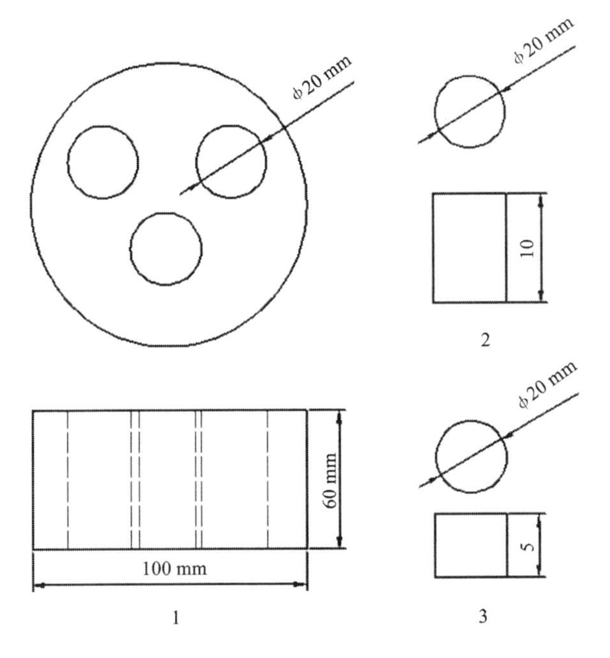

图 4-2　模具尺寸图

1—外模；2—上压模；3—下压头

Fig 4-2　Size of moild：(1) external mold，(2) stamper，(3) lower pressing

图 4-3　TH500 型洛氏硬度计

Fig 4-3　TH500 hardness testers

图 4-4　磨料磨损试验机

Fig 4-4　abrasive wear machine

4.1.4 数据处理与分析

试验样品测试结果如表4-3所示。根据表4-3的数据及公式(4-3)所述的回归模型，通过最小二乘法计算出回归系数 b_i 和 b_{ij}，确定 y 与因素 x_i 之间的回归方程(其中：$i, j=1, 2, 3, 4$)。本次采用 Excel 中的回归分析工具求解上述公式。

表4-3 试样测试数据表

Table 4-3 Test information sheet

试验号	硬度(HRC)	磨损前试样重量/g	磨损后试样重量/g	失重量/g
1	10.9	7.4125	6.9899	0.4226
2	11.7	7.7314	7.3696	0.3618
3	12.4	7.4928	7.1714	0.3214
4	25.9	8.2778	8.1340	0.1438
5	32.2	8.3392	8.2476	0.0916
6	31.3	8.3903	8.3148	0.0755
7	11.2	7.4032	7.0019	0.4013
8	36.3	8.3901	8.3233	0.0668
9	11.9	7.6152	7.3323	0.2829
10	31.3	8.1861	8.1145	0.0716
11	24.9	7.7431	7.6217	0.1214

硬度 y_1 与因素 x_1, x_2, x_3, x_4 之间的回归方程为：

$$y_1 = -108.214x_1 + 32.07321x_2 - 13550.4x_3 - 143.098x_4 - 569.119x_1x_2 + 17856.21x_1x_3 - 467.548x_1x_4 + 17676.05x_2x_3 - 505.429x_2x_4 + 17346.05x_3x_4$$

$$R^2 = 0.999958 \tag{4-4}$$

磨损量 y_2 与因素 x_1, x_2, x_3, x_4 之间的回归方程为：

$$y_2 = 4.220868x_1 + 5.677634x_2 + 137.1836x_3 + 4.829691x_4 - 7.5064x_1x_2 - 183.89x_1x_3 - 6.15026x_1x_4 - 178.678x_2x_3 - 3.88486x_2x_4 - 178.328x_3x_4$$

$$R^2 = 0.999883 \tag{4-5}$$

式中：R^2 代表自变量与因变量的关联性，其趋势近于1表示 x_1、x_2、x_3、x_4 与 y 密切相关，因此混合实验和极端顶点设计法可用于预测带成分约束的 WC 基胎体材料硬度值和磨损量。表4-4所示为测试样品的硬度值及磨损量的实测值和预测值比较，其用于分析回归方程的精确性。

表4-4　试样测试值与预测值误差表

Table 4-4　Error table between test value and predicted value

试验号	胎体硬度(HRC)			磨损失重/g		
	计算值	测试值	误差/%	计算值	测试值	误差/%
1	10.845	10.9	0.5	0.4205	0.4226	0.4
2	11.57	11.7	1.1	0.3571	0.3618	1.2
3	12.51	12.4	0.8	0.3234	0.3214	0.6
4	25.785	25.9	0.4	0.1417	0.1438	1.4
5	32.43	32.2	0.7	0.0936	0.0916	2.1
6	31.415	31.3	1.0	0.0775	0.0755	2.5
7	11.34	11.2	1.2	0.4053	0.4013	1.0
8	36.07	36.3	0.6	0.0647	0.0668	2.8
9	11.85	11.9	0.4	0.2823	0.2829	0.2
10	31.41	31.3	0.4	0.0728	0.0716	1.6
11	24.98	24.9	0.3	0.1224	0.1214	0.8

由表4-4可以看出，硬度值的方程预测值误差小于1.2%，磨损量方程预测值误差小于2.5%，预测值与实验值基本相匹配，说明混合实验和极端顶点设计能可靠预测WC基金刚石工具的胎体性能。图4-5所示为试样硬度曲线图，图4-6为试样磨损失重曲线图。

由表4-4、图4-5和图4-6可以看出，胎体中金属成分含量对胎体性能具有较大的影响。骨架材料WC的含量对胎体硬度及耐磨性的影响最为明显，胎体耐磨性及硬度在一定范围内与WC含量成正比，随着WC的增加，硬度及耐磨性均有所增加；胎体的硬度及耐磨性总体上随胎体中Ni含量的增加而增大。但是，值得一提的是在WC、663Cu含量相同的情况下，相比于Ni含量，Co含量对胎体性能影响较大，胎体硬度和耐磨性与Co含量呈正比例趋势。从以上图表中可以看出，Ni含量在10%～15%，Co含量10%，663Cu含量30%～35%时胎体具有较好的硬度和耐磨性。根据上述试验指标及回归方程(4-4)，可以通过Excel中的“规划求解”功能求解出试验指标的最大预测值，以及最优配方百分比。在上述胎体配方范围内，胎体最高硬度预测值为HRC 42.91，获得该最好硬度的胎体配

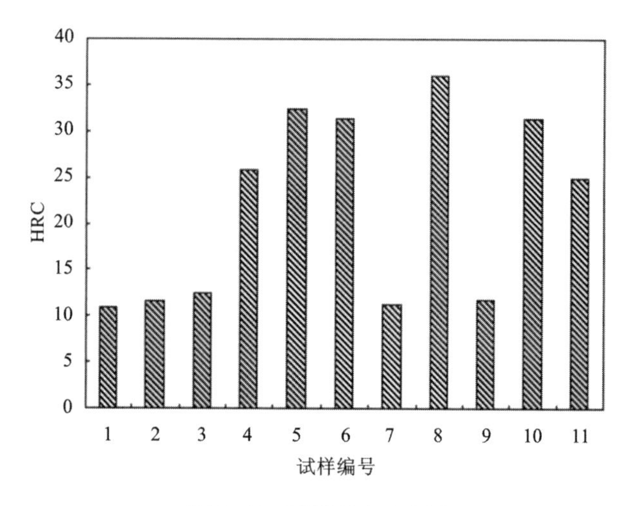

图 4-5　试样硬度直方图

Fig 4-5　Hardness curve

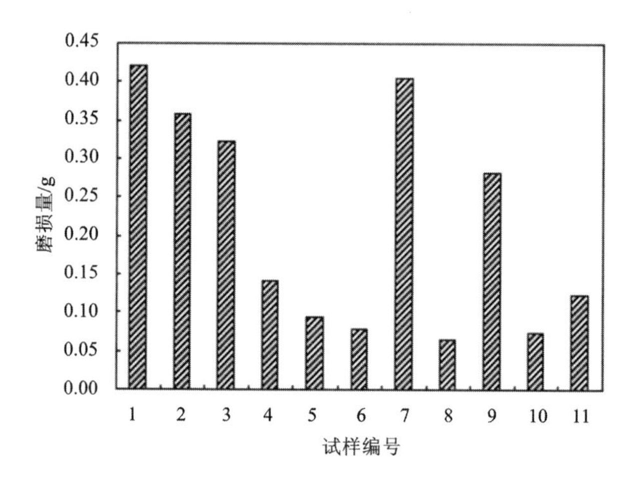

图 4-6　试样磨损失重直方图

Fig 4-6　Wear weight loss curve

方为：WC 含量为 50%、Ni 含量为 12%、Co 含量为 7%、Mn 含量为 5%、663Cu 含量为 26%。在 WC 基胎体配方中，胎体硬度与 WC 含量呈正比，经理论分析，预测值 WC 含量与实际应用情况相吻合。在胎体中添加适量的 Ni 及 Co 使胎体在相对较低的温度下便可出现液相，降低了胎体的烧结温度。液相的提前出现，使得固相颗粒的熔融与析出提前，烧结过程更加充分，能够有效提高胎体的致密化程度，改善胎体性能[106]。对上述优化配方：WC 含量为 50%，Ni 含量为 12%、Co 含量为 7%、Mn 含量为 5%、663Cu 含量为 26%，进行了优化验证性试验，所测胎体硬度为 HRC 42.3，与预测值基本吻合，证明极端顶点试验法及回归求解分析方法能够满足本次试验的设计需求。

4.2　室内钻进试验

4.2.1　试验砖材料优选

在室内钻进试验阶段，由于试验次数多、岩样消耗量大，为了保证钻进对象性质的批量稳定性及能够满足试验的消耗需求，优选出一种与坚硬致密弱研磨性岩石性能相近的人工砖作为室内试验钻进对象显得尤为重要和迫切。在优选人工砖时应注意以下几点原则：①材质性能应与坚硬致密弱研磨性岩石相似，能够较好地模拟打滑岩层钻进特点；②取材方便、尺寸规整能够满足试验消耗量及夹具夹持固定的要求；③价格适中，具有较好的经济适用性。根据相关试验的文献参考资料及经验积累，确定以下材质的人工砖作为试验钻进材料的初选对象，材质性能参数如表 4-5 所示。

表 4-5　试验人工砖性能参数表

Table 4-5　Performance parameter of experiment brick

编号	名称	图片	成分	理化指标
1	高铝耐火砖		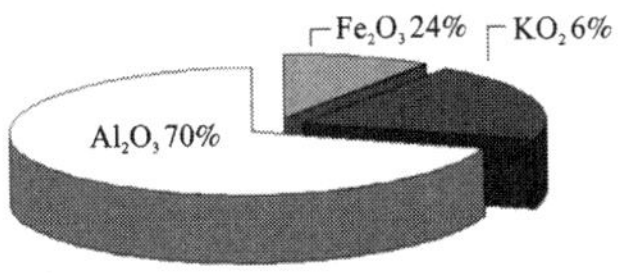 Fe_2O_3 24%　KO_2 6%　Al_2O_3 70%	Al_2O_3：70% ~ 78%，Fe_2O_3，K_2O 等杂质：22% ~ 30%
2	电熔锆刚玉砖	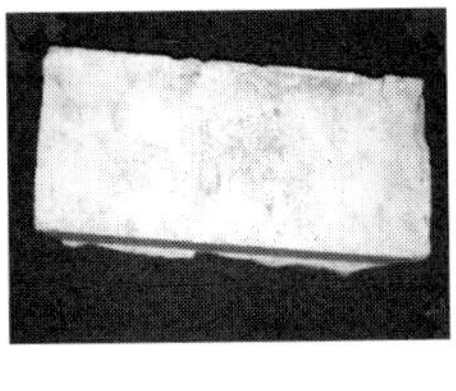	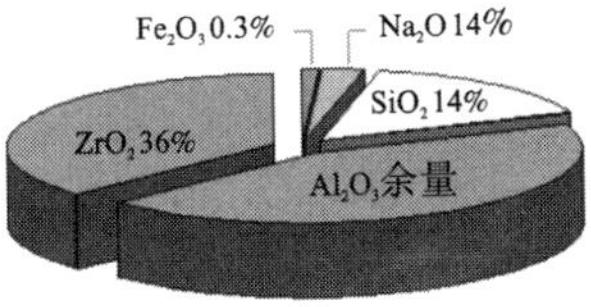 Fe_2O_3 0.3%　Na_2O 14%　SiO_2 14%　ZrO_2 36%　Al_2O_3余量	SiO_2 < 14%，Al_2O_3：44% ~ 55%，ZrO_2：36%，Fe_2O_3：0.03%，Na_2O：1.4% ~ 1.6%

续表 4 - 5

编号	名称	图片	成分	理化指标
3	αβ 砖	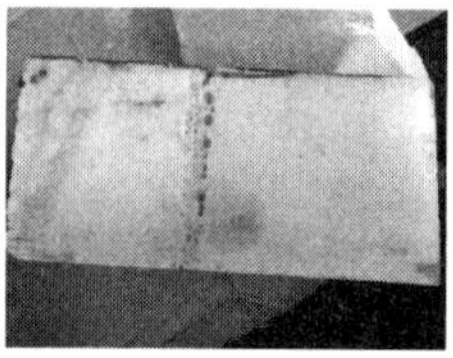	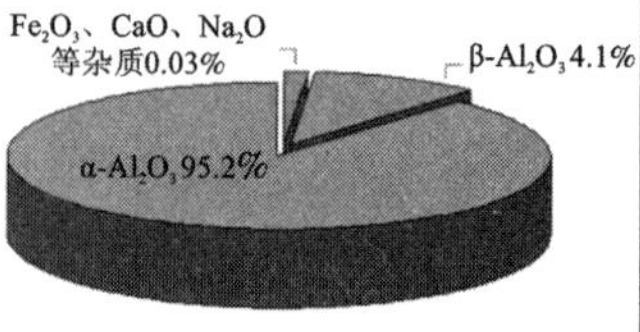	α - Al_2O_3：95.2%，β - Al_2O_3：4.1%，Fe_2O_3、CaO、Na_2O 等杂质：0.03%
4	人造石英石		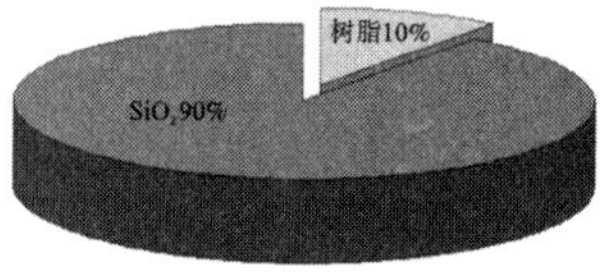	SiO_2 > 90%，树脂材料：10%

高铝耐火砖主要用于砌筑高炉、热风炉、回转炉内衬。其抗压强度达到 200 MPa，热震稳定性好、耐磨损、抗剥落，是一种常见的耐火抗磨材料。电熔锆刚玉砖主要用于玻璃工业池窑、玻璃电窑炉、泡花碱行业耐高温耐磨损的窑炉，抗压强度达到 320 MPa。其岩相结构由刚玉与锆斜石的共析体和玻璃相组成，属于刚玉相和锆斜石相的共析体，玻璃相充填于它们的结晶之间。铸熔 αβ 刚玉砖是应用于轻工、建材、电子等玻璃窑炉的高档电熔耐火材料，其抗压强度达到 160 MPa，气孔率为 3%、耐磨损、抗发泡、抗结石等方面具有比其他材料更加优异的性能，因此是玻璃熔窑澄清部、工作池、流道、料道等玻璃成形部位的首选耐火材料。人造石英石是一种由 90% 以上的石英晶体加上树脂及其他微量元素人工合成的新型石材，俗称人工凤凰石。其抗压强度达到 240 MPa，硬度高（莫氏硬度 7）、抗污染（致密无孔）、耐高温（可耐温 300℃）、耐磨损（30 道抛光工艺无需维护），广泛应用于高档公共建筑（酒店、餐厅、银行、医院等）和家庭装修（厨房台面、洗脸台、厨卫墙面、餐桌、茶几）领域。

采用常规的打滑地层配方制作金刚石微钻头进行试钻，钻头尺寸 $\phi36/24$ mm，硬度 HRC 25，金刚石粒度 45/50 目 50%、50/60 目 50%，金刚石浓度 75%。每测试完一种材质试验砖后均采用 46 目白刚玉砂轮对钻头进行重新开刃处理。试验在由工程水钻机改装的室内试验台上进行，钻机转速 750 r/min，钻压 2.5 MPa，采用清水冷却，冲洗液量 120 mL/s。试验结果见表 4 - 6。从表 4 - 6 可以看出钻头在钻进高铝耐火砖时随钻进孔数的增加，钻进效率有所降低，但是钻速变化区间范围较小，在较少的进尺回次内打滑现象不明显；钻进电熔锆刚玉砖时随钻进孔数的增加，钻速变化区间大，钻进效率下降明显，在较少的钻进回次内即可出现钻头打滑现象；在钻进 αβ 刚玉砖时，钻速随钻进孔数的增加变化不明显，由于αβ刚玉砖气孔率较高，其内部有明显的蜂窝状空隙，因此钻头能够稳定维持较高的钻进效率；在钻进人造石英石砖时，钻进效率随钻进孔数的增加下降明显，出现了明显的钻头打滑的现象。但是，值得一提的是，人造石英石作为一种高档装饰材料，多为板材形式，通常厚度不超过35 mm，且价格昂贵。

表4－6　试验砖试钻结果表

Table 4－6　Drilling results with experiment brick

编号	名称	图片	回次进尺/mm	回次用时/min
1	高铝耐火砖		60	1′35″
			60	1′29″
			60	1′44″
			60	1′59″
2	电熔锆刚玉砖		80	2′49″
			80	3′41″
			80	4′27″
			—	钻进7′11″仍无法钻穿试样，钻头打滑
3	αβ刚玉砖		80	1′05″
			80	1′15″
			80	1′09″
			80	1′06″
			80	1′07″
4	人造石英石		35	1′14″
			35	1′43″
			35	1′58″
			35	2′41″
			—	钻进4′41″仍无法钻穿试样，钻头打滑

因此，综合考虑试验效果、试验砖消耗量及试验成本，确定选用36号电熔锆刚玉砖作为室内钻进试验的钻进对象，αβ刚玉砖作为钻头开刃的试验用砖。

4.2.2 胎体耐磨损性弱化颗粒材质优选

4.2.2.1 弱化颗粒优选原则

胎体耐磨损性弱化颗粒材质的选取主要考虑以下因素：①颗粒本身具有一定的硬度。磨粒的硬度是决定磨粒磨削能力的重要指标，其主要受晶体结构中质点间键合力大小的影响，其次受化学成分、制造工艺等方面的影响。磨料的硬度高于胎体的硬度是实现对胎体研磨的首要条件。此外，随着温度的升高，磨粒硬度会出现一定程度的下降。因此，磨粒应保持一定的热态硬度才能充分发挥刻划胎体的作用。②具有适当的抗破碎性和自锐性能。在钻进的过程中，磨粒同时承受弯曲应力、压应力及冲击应力。若磨粒抗破碎性过差，则磨料过早破碎，失去研磨胎体的能力；若磨粒抗破碎能力过高，即韧性过高，则磨粒变钝后无法破碎，不能形成新的刃口，降低研磨效率。③与胎体的把持力应较弱，且不与胎体发生化学反应。胎体耐磨损性弱化颗粒易于从胎体表面脱落，使胎体表面形成非光滑形态，增加胎体表面粗糙度是提升钻头钻进效率的重要因素。若弱化颗粒与胎体结合紧密或发生化学反应，无法有效从胎体表面脱落，则无法达到弱化胎体耐磨损性的目的；若胎体耐磨损性弱化颗粒与胎体结合过于松散则易降低胎体的强度，直接影响钻头的使用寿命。根据前期试验经验，确定以下材质作为胎体耐磨损性弱化颗粒的优选对象，其性能如表 4 – 7 所示。

表 4 – 7 胎体弱化颗粒成分表(质量分数)

Table 4 – 7 Ingredient list of martix weaken grits

类型	化学成分/%								粒径/μm
	Al_2O_3	SiC	Mn	Fe_2O_3	C	CaO	SiO_2	Si	
棕刚玉	>95	—	—	<0.15	—	<0.4	<1.5	—	425
黑碳化硅	—	>98.5	—	<0.6	—	<0.2	—	—	300
合金钢丸	—	—	0.35 ~ 0.9	—	0.62 ~ 0.7	—	—	0.17 ~ 0.37	380

本次试验分别选用刚玉磨料系列的棕刚玉、碳化物磨料系列的黑碳化硅以及硬质合金耐磨材料系列的合金钢丸作为胎体耐磨损性弱化颗粒的优选对象。棕刚玉属于三方晶系结构，具有三重对称轴可划分出六方晶胞的菱面体晶胞，在晶体外形或宏观物性中能呈现出其具有唯一高次三重轴。其晶格参数具有 $a = b = c$，$\alpha = \beta = \gamma < 120° \neq 90°$的特征。其硬度高，达到莫氏硬度 9 级，韧性较大、颗粒锋利，广泛适用于磨削抗拉强度较高的材料，对钻头胎体具有较强的研磨能力。本次选用的棕刚玉颗粒粒度为 36 目，颗粒形状以扁平状居多，含部分不规则形状。

黑碳化硅属于六方晶系结构，在唯一具有高次轴的 c 轴主轴方向存在六重轴。副轴与主轴垂直，二个副轴基向量的大小相等，副轴间的夹角为120°，即其晶胞参数具有 $a=b\neq c$、$\alpha=\beta=90°$、$\gamma=120°$ 的关系。SiC 磨料的硬度高于刚玉类磨料，达到莫氏硬度9.2级，脆性较大、韧性低于棕刚玉颗粒、导热性及自锐性优于普通的工业磨料[107]。本次选用的 SiC 颗粒粒度为36目，颗粒形状以等体积状为主。合金钢丸气孔率低、组织均匀致密、耐磨性好，广泛用于精密件、不锈钢件和铝铸件的喷砂抛光[108]。其硬度最高，达到洛氏硬度55，韧性较强。选用的合金钢丸粒度为36目，形状均为圆球状。三种材料的物理力学性能指标如表4－8所示。

表4－8　弱化颗粒物理力学性能表

Table 4－8　Physical performance parameter of matrix weaken grits

类型	密度/(g·cm^{-3})	莫氏硬度	洛氏硬度 HRC	抗弯强度/MPa
棕刚玉	3.9	9	—	980
黑碳化硅	3.2	9.2	—	650
合金钢丸	7.2	—	55	1600

4.2.2.2　试验方案

根据以往的实际经验，常采用低浓度 WC 基胎体配方，向胎体材料中分别加入不同类型的胎体弱化颗粒制备胎体试块，弱化颗粒的浓度范围为15%～45%。其热压烧结工艺参数为：烧结温度960 ℃、压力3.5 MPa(压机表头读数)，保温时间4 min。(同时制备了900℃烧结温度下含棕刚玉的胎块试样)采用 HR－150 A洛氏硬度计测试试验胎块的胎体硬度，每个试块测试三个点，取其平均值作为该试块的硬度值。利用 MM－200 型磨料磨损试验机进行胎体耐磨性测试，试验载荷100 N、转速200 r/min，时间10 min。应用 WE－30 型万能力学材料试验机测试胎体的抗弯强度，采用三点弯曲法，加压速度为100 kN/s。

4.2.2.3　试验结果与讨论

试验首先测得空白低浓度 WC 基胎块硬度为 HRC12.5。图4－7为弱化颗粒浓度对胎体硬度的影响图。从图4－7中可知，随胎体中弱化颗粒浓度的增加，试验胎块的硬度呈下降趋势。在不同浓度添加量的条件下，加入碳化硅颗粒的胎块硬度下降幅度均大于加入棕刚玉颗粒及合金钢丸颗粒的试块。当添加的浓度相同时，添加合金钢丸的胎体试块硬度最大，添加棕刚玉颗粒的胎块硬度其次，添加碳化硅颗粒的胎体试块硬度最小。因此，钻头胎体中弱化颗粒含量应控制在适当的范围之内，否则胎体硬度下降过快，导致钻头无法满足钻进需求，影响钻头使用寿命。图4－8为胎体中含不同浓度的棕刚玉颗粒试块在不同压制温度下的硬度图。由图4－8可知，升高烧结温度可在一定程度上提高试样的胎体硬度，但提升范围非常有限，仅可作为一种辅助手段。

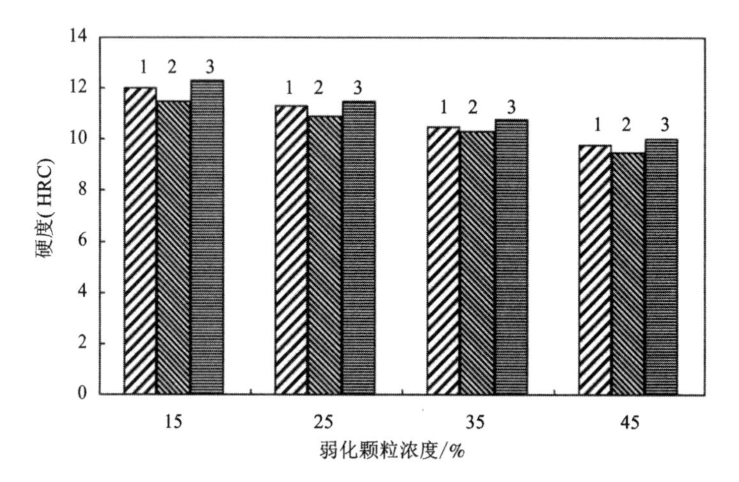

图4－7　弱化颗粒浓度对硬度的影响

1—棕刚玉；2—碳化硅；3—合金钢丸

Fig 4－7　The effects of matrix weaken grits concentrations on hardness

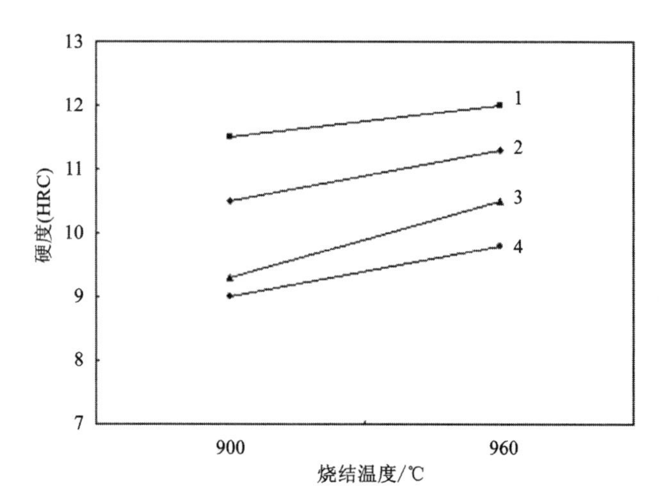

图4－8　烧结温度对硬度的影响

1—15%；2—25%；3—35%；4—45%

Fig 4－8　The effects of temperature on hardness

图 4 –9 为弱化颗粒浓度与磨损量关系图。从图 4 –9 中可知，随弱化颗粒浓度含量的增加，胎块的磨损量呈增大的趋势。其中在相同浓度条件下，含碳化硅颗粒的胎体磨损量均大于含棕刚玉以及含合金钢丸的试块。弱化颗粒浓度低于 15% 时，其对胎体耐磨损性影响较小；当浓度高于 25% 时，胎体的耐磨损性下降显著。图 4 – 10 为弱化颗粒浓度与胎体抗弯强度的关系图。由图 4 – 10 可知，胎体的抗弯强度与弱化颗粒浓度呈反比例关系，弱化颗粒浓度越高，则胎体的抗弯强度越低。含合金钢丸颗粒的试块抗弯强度高于含碳化硅及棕刚玉的试块。当试块中合金钢丸浓度不超过 35% 时，其抗弯强度与颗粒浓度之间呈线性关系；当浓度超过 35% 时，抗弯强度下降的趋势有所减弱。含碳化硅颗粒及棕刚玉颗粒的试块其抗弯强度与浓度的关系具有相似的变化趋势，均随弱化颗粒浓度的增大，抗弯强度先急剧下降，再缓慢降低，弱化颗粒浓度与抗弯强度之间呈非线性关系，且含棕刚玉颗粒的试块抗弯强度略高于含碳化硅颗粒的试块。

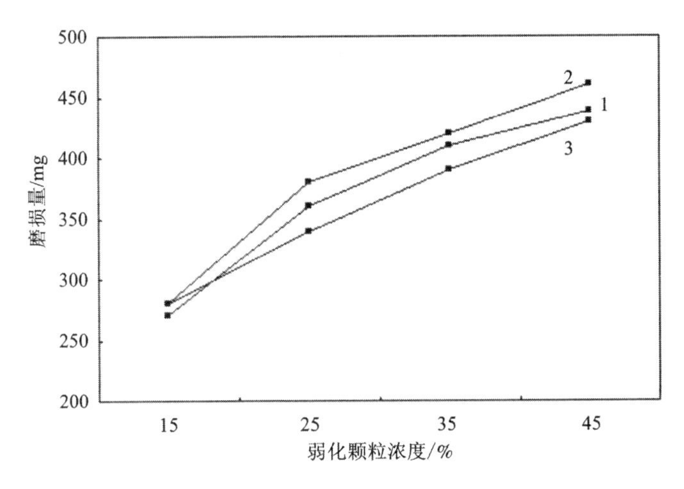

图 4 –9 弱化颗粒浓度对耐磨性的影响

1—棕刚玉；2—碳化硅；3—合金钢丸

Fig 4 –9 The effects of matrix weaken grits concentrations on abrasion resistance

通过以上力学性能测试可知：随弱化颗粒含量增加，试块各项力学性能指标均有所下降，碳化硅颗粒的加入对试块力学性能的影响大于棕刚玉及合金钢丸颗粒；当弱化颗粒的含量不超过 15% 时，其对试块力学性能影响较小。当弱化颗粒含量超过 45% 时，试块的力学性能下降严重。相比于棕刚玉颗粒和合金钢丸颗粒，SiC 颗粒对胎体的耐磨性、抗弯强度等力学性能影响较明显，在制作试验钻头时宜优先选用 SiC 颗粒作为胎体耐磨损性弱化颗粒，其浓度宜控制为 20% ~40% 。

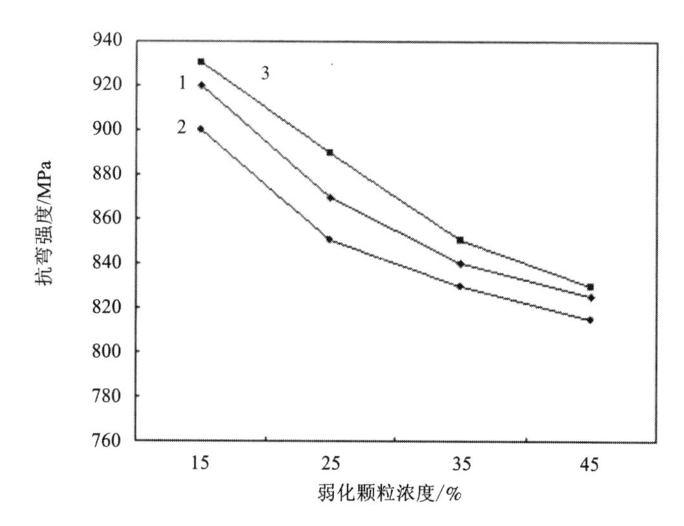

图 4－10　弱化颗粒浓度对抗弯强度的影响

1—棕刚玉；2—碳化硅；3—合金钢丸

Fig 4－10　The effects of matrix weaken grits concentrations on resistance flexural strength

4.2.3　弱化颗粒材质对钻进效率的影响

4.2.3.1　试验方案

本次试验的重点为测试不同材质弱化颗粒对钻头钻进效率的影响，并从中优选出一种最佳的弱化颗粒材质。制作了 4 支试验钻头，如图 4－11(a)所示，以钻削试验砖的总长度作为寿命指标，以单孔钻削时间作为加工效率指标。钻头设计参数如表 4－9 所示。

图 4－11　室内钻进试验组图

(a)试验钻头实物；(b)钻进电熔锆刚玉砖

Fig 4－11　laboratory drilling experiments：(a) experiment bit，(b) fused cast AZS brick

表 4-9　试验钻头参数表

Table 4-9　Parameter list of experiment bit

编号	胎体硬度(HRC)	金刚石体积浓度/%	金刚石粒度/目	胎体弱化颗粒体积浓度/%	胎体弱化颗粒粒度/目	弱化颗粒材质
1	15	75	45/60	—	—	—
2	15	69	45/60	30	36	棕刚玉
3	15	67	45/60	38	36	黑碳化硅
4	15	70	45/60	18	36	合金钢丸

所有试验钻头均采用 WC 基胎体，硬度为 HRC25，金刚石粒度为 45/50 目和 50/60 目，金刚石品级为 SMD40 型。1 号作为对比钻头，胎体内不添加胎体弱化颗粒，2～4 号钻头的弱化颗粒分别选择棕刚玉、黑碳化硅、合金钢丸。结合现场生产的习惯，采用质量比方式对钻头粉料、金刚石及弱化颗粒进行称量配比。首先根据设计要求称取金刚石及所需的胎体粉料，然后向胎体中添加适当质量的弱化颗粒。弱化颗粒添加的具体质量按照金刚石与弱化颗粒的质量比进行确定。在金刚石质量相等的情况下，由于弱化颗粒占据了部分胎体体积，添加了弱化颗粒的钻头其金刚石的体积浓度比不添加弱化颗粒钻头的体积浓度有所减少。本次设计方案中的 2～4 号钻头，其金刚石与胎体弱化颗粒的质量比均为 1∶0.5，并对其进行了体积浓度的换算，换算公式为：

$$
\begin{aligned}
C_{弱化颗粒} &= V_{弱化颗粒}/\ V_{金刚石} + V_{粉料} + V_{弱化颗粒} \\
C_{金刚石} &= V_{金刚石}/V_{金刚石} + V_{粉料} + V_{弱化颗粒}
\end{aligned}
\tag{4-6}
$$

由于不同胎体弱化颗粒的材料密度不同，因此在相同金刚石与弱化颗粒质量比的情况下，各钻头换算后的金刚石体积浓度及弱化颗粒浓度有所差异。本次试验钻头采用 KGBS-B 节能型可控硅中频炉进行烧结，烧结温度为 1000℃，保温时间 5 min，烧结压力(压力机表头读数)3.5 MPa。

4.2.3.2　试验条件

试验研制的烧结钻头尺寸为 ϕ36/24 mm，工作层高度为 6 mm，水口数为 4 个，如图 4-11 所示。试验钻进对象为 36 号电熔锆刚玉砖，工件厚度为80 mm。所有钻头正式钻进前均在 αβ 刚玉砖上做统一开刃处理，钻进孔数为 3 个。试验台钻机功率为 2800 W，转速为 750 r/min。采用液压给进方式加压，轴向压力范围为 2.5～3.0 MPa。采用清水冷却，避免钻头唇面温度过高对金刚石层产生烧伤，冷却液压力为 0.3 MPa，流量为 120 mL/s。采用 EPMA-1720 型电子探针对钻头的唇面及胎体断面进行电镜扫描观察。采用 UT301A 型红外测温仪测量钻头唇面温度。采用 XTL-340 体视显微镜对钻头唇面金刚石的磨损状态进行观测。

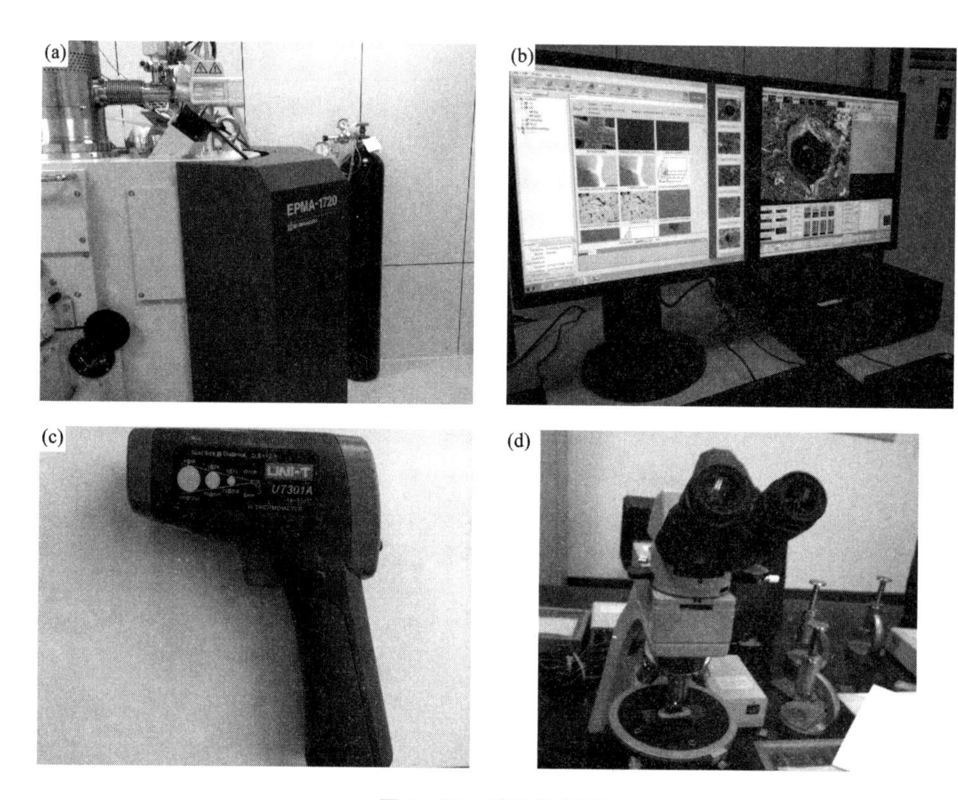

图 4-12　试验设备图

(a)电子探针;(b)—电子探针控制端;(c)—红外测温仪;(d)—体式显微镜

Fig 4-12　Testing equipment: (a) electron probe, (b) control terminal of electron probe, (c) infrared thermo-meter, (d) Integrated microscope

4.2.3.3　试验结果

各试验钻头的钻进结果如表 4-10 至 4-13 所示。各钻头的钻进效率及寿命如图 4-13、图 4-14 所示。试验过程中钻机运转正常，未出现过流保护停转及钻机机身异常震动的情况，液压系统加压平稳，夹具能够有效固定试验用砖，说明室内试验台能够满足试验的使用需求。此外，在对钻削时钻头唇面的温度检测发现，钻头在水冷却的情况下，唇面温度仅为 55℃左右(室温 30℃)，不会对金刚石层产生烧伤，说明采用自来水清水冷却，足以满足钻进的要求。

表4-10　1号钻头试验结果表

Table 4-10　Experiment result of No.1 bit

孔号	钻进时间/min	钻压/MPa	钻进深度/mm	细节描述
1	1′58″	2.5	80	进尺较平稳，钻进初期伴随有刺耳啸叫声
2	2′38″	2.5	80	钻进中后期机身出现抖动现象
3	3′52″	2.5	80	钻进较平稳
4	4′27″	3.0	80	进尺较前几个孔下降，故加大钻压钻进
5	7′12″	3.0	80	进尺效率下降明显，勉强钻进完毕
6	打滑不进尺	3.5	20	增大钻压至3.5 MPa仍无法钻进，钻头打滑故未钻通实验砖，提前终止钻进

表4-11　2号钻头试验结果表

Table 4-11　Experiment result of No.2 bit

孔号	钻进时间/min	钻压/MPa	钻进深度/mm	细节描述
1	2′17″	2.5	80	进尺较平稳
2	5′53″	2.5	80	钻速下降较快，钻头与试验砖接触瞬间，钻机有明显抖动
3	7′12″	3.0	80	钻速下降明显，钻头与试验砖接触初期出现了，钻头甩动不无法对心，不能快速定位的情况，增加钻压至3.0 MPa才能完成钻进
4	7′57″	3.0	80	钻进过程中出现与第三孔类似的症状，勉强完成钻进
5	打滑不进尺	3.5	30	增大钻压至3.5 MPa仍无法有效钻进，钻头打滑，故终止试验

表4-12　3号钻头试验结果表

Table 4-12　Experiment result of No.3 bit

孔号	钻进时间/min	钻压/MPa	钻进深度/mm	细节描述
1	1′56″	2.5	80	钻进初期有刺耳啸叫声，钻进较平稳
2	2′44″	2.5	80	钻进较平稳
3	2′47″	2.5	80	钻进较平稳
4	2′43″	2.5	80	钻进较平稳

续表 4-12

孔号	钻进时间/min	钻压/MPa	钻进深度/mm	细节描述
5	2′49″	2.5	80	钻进较平稳
6	3′19″	2.5	80	钻进较平稳
7	3′45″	2.5	80	钻速有所降低，钻机本身有轻微抖动
8	3′65″	2.5	80	钻进过程特征与第 7 孔类似
9	3′21″	3.0	80	增大钻压至 3.0 MPa，钻速有所提升
10	3′23″	3.0	80	钻进效率维持较稳定，无明显打滑现象。由于本次试验重点是测试弱化颗粒对钻进效率的影响而非使用寿命，故停止继续钻进

表 4-13　4 号钻头试验结果表

Table 4-13　Experiment result of No. 4 bit

孔号	钻进时间/min	钻压/MPa	钻进深度/mm	细节描述
1	2′46″	2.5	80	钻进初期有刺耳啸叫声，机身有抖动现象
2	3′35″	2.5	80	钻头与试验砖接触瞬间，有火花
3	3′42″	2.5	80	初期钻头有偏摆，无法对中现象
4	2′55″	3.0	80	增大钻压至 3.0 MPa，钻进效率有所提高
5	3′06″	3.0	80	钻进较平稳
6	4′02″	3.0	80	钻速下降明显
7	6′22″	3.5	80	钻进效率显著下降，勉强完成钻进
8	钻头打滑	3.5	20	无法穿通试验砖，出现打滑现象

如图 4-13、图 4-14 及表 4-10 至表 4-13 所示，2 号钻头加工单孔的时间消耗最长，加工效率最低。其在 2.5 MPa 的轴向力下仅加工了 2 个孔(160 mm)便出现了钻速降低的现象，加大轴向力至 3.0 MPa 后钻头与试样接触瞬间出现了甩动，无法快速定位的情况，在钻进完 5 个孔(400 mm)后，钻头出现打滑不进尺的现象。1 号钻头的钻进寿命与 2 号钻头接近，钻进效率较 2 号钻头略高，但在钻进完 3 个孔后(240 mm)也出现了在轴向力 2.5 MPa 时钻速下降的现象，需要加大轴向力至 3.0 MPa 后才能继续有效钻进且钻进过程伴随尖锐噪音，钻进完 5 个孔(400 mm)后，钻头出现打滑不进尺的现象。3 号钻头的单孔平均加工时间最少，钻进效率最高，能够有效钻进 10 个孔(800 mm)以上，未出现明显钻头打

滑现象，有效使用寿命远高于其他试验钻头。4 号钻头钻进效率优于 1 号及 2 号钻头，但是差于 3 号钻头，钻进完 3 个孔(240 mm)后，出现钻速下降的趋势，增大钻压至 3.0 MPa，钻速有一定程度提高，钻进完 6 个孔(480 mm)后钻速再次出现下降趋势，继续增大钻压至 3.5 MPa，勉强钻进完第 7 个孔后，钻头出现打滑不进尺现象。因此，在本次试验中，添加了黑碳化硅颗粒的 3 号钻头的综合性能表现最好。

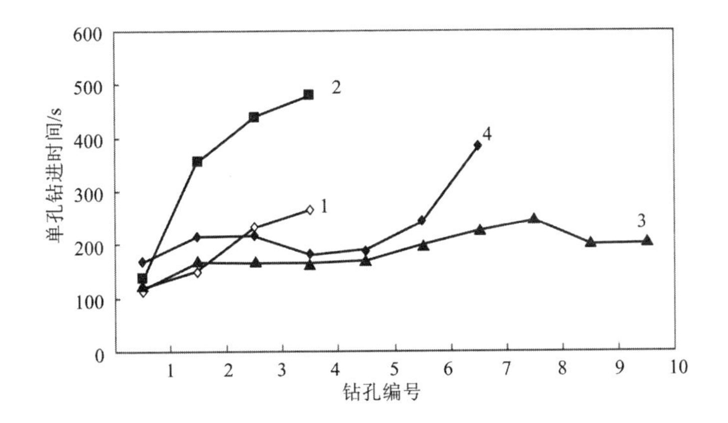

图 4 - 13　钻进效率图

1—1 号钻头；2—2 号钻头；3—3 号钻头；4—4 号钻头

Fig 4 - 13　Drilling efficiency

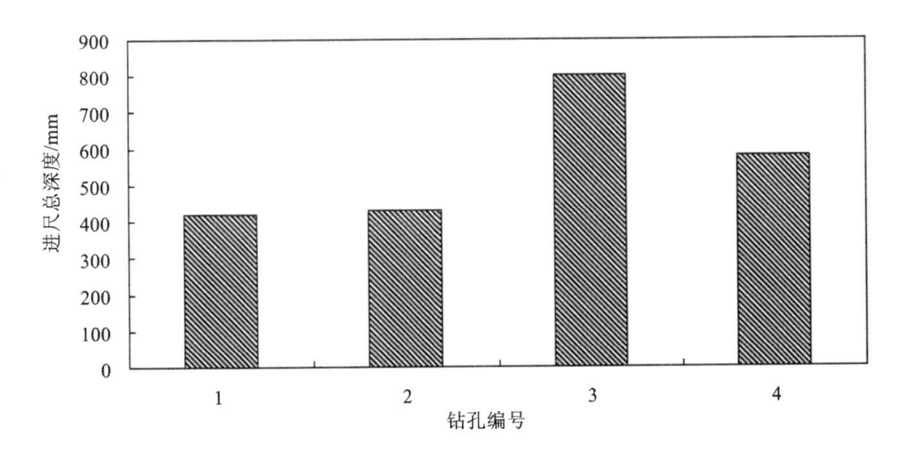

图 4 - 14　钻头总进尺图

Fig 4 - 14　Bit footage

4.2.3.4 结果分析与讨论

图4－15所示为钻头的胎体磨损形貌，其中图(a)为1号钻头胎体形貌图，图(b)为图(a)圆形框区域金刚石放大照片。由图(a)可以看出金刚石磨粒沿切削方向，其两侧出现了较浅的沟槽。在金刚石磨粒后侧出现了结合剂隆起的现象，即金刚石磨粒尾部出现了不同程度的蝌蚪状支撑。在钻进过程中金刚石磨粒尾部产生蝌蚪状支撑主要有以下原因：脱落的金刚石及硬质颗粒岩屑具有一定的棱角，在冲洗液的作用下以一定角度及速度对胎体进行冲蚀。冲洗液遇到金刚石磨粒后向其两侧分流继续冲蚀胎体，从而在磨粒两侧形成较浅的凹坑。由于金刚石磨粒有效保护了其后部的结合剂免受冲蚀，故在金刚石磨粒后部形成了蝌蚪状支撑。由图(a)同样可以发现，胎体表面较为平整且金刚石磨粒出刃高度较低。不少金刚石磨粒出现了磨钝的情况，但其仍然无法有效脱落，如图(b)所示。金刚石新陈代谢速度较低且无法有效自锐是1号钻头出现打滑现象的主要原因。

图(c)为2号钻头胎体形貌图，图(d)为图(c)圆形框区域金刚石放大照片。2号钻头胎体内添加了棕刚玉颗粒，由图(c)可以看出棕刚玉颗粒在胎体中呈扁平状分布且几乎没有刃角，韧性较好，无明显的脆性破碎和层状剥落特征。胎体中的金刚石磨粒出现了明显的磨平现象且程度较1号钻头更为严重，如图(c)所示。这主要是由于以下原因：一方面由于棕刚玉颗粒的脆性破损断裂的能力较差，无法有效剥落以增加胎体的粗糙度并促进金刚石的新陈代谢，导致金刚石的出刃高度较低；另一方面，由于棕刚玉颗粒的存在，其在胎体中同样占据一部分体积且棕刚玉颗粒呈扁平状，单个体积大。因此，相比于1号钻头，其金刚石的体积浓度降低显著，单位面积内出露的金刚石颗粒数偏少，在较高的钻压参数条件下，单颗粒金刚石承受的工作负荷大，导致其磨平的几率增加。由于磨平、磨钝的金刚石无法脱落，导致钻头出现打滑现象。由图(c)同样可以看出胎体表面金刚石磨粒没有出现明显的蝌蚪状支撑，胎体表面出现了横向和纵向的划痕。这主要是因为2号钻头在钻进的过程中多次出现了在下钻初期，钻头在试验砖表面横向抖动及无法快速对心的现象，且钻进的后期出现打滑，加大钻压后，钻机整体振动有所提高，因此严重破坏了金刚石磨粒的蝌蚪状支撑，出现了横向和纵向的划痕。因此，棕刚玉不是本次最佳的胎体弱化颗粒材质。

图(e)为3号钻头胎体形貌图，图(f)为图(e)圆形框区域金刚石放大照片。由图(e)可以看出胎体表面较为粗糙，金刚石磨粒后方出现明显的蝌蚪状支撑，磨粒前端及两侧沟槽的深度较深，金刚石磨粒周围形成了明显的流沙现象。明显的流沙现象一方面有利于提高金刚石的出刃高度；另一方面较大颗粒的岩屑及脱落的金刚石落入凹坑内能够产生较强的研磨效应，从而加速胎体的磨损，提高了胎体中金刚石的新陈代谢速度。SiC颗粒在胎体中形状不规则且有破裂、剥落的现象。金刚石磨粒的出刃高度相对较高，如图(f)所示。但是，金刚石表面由于

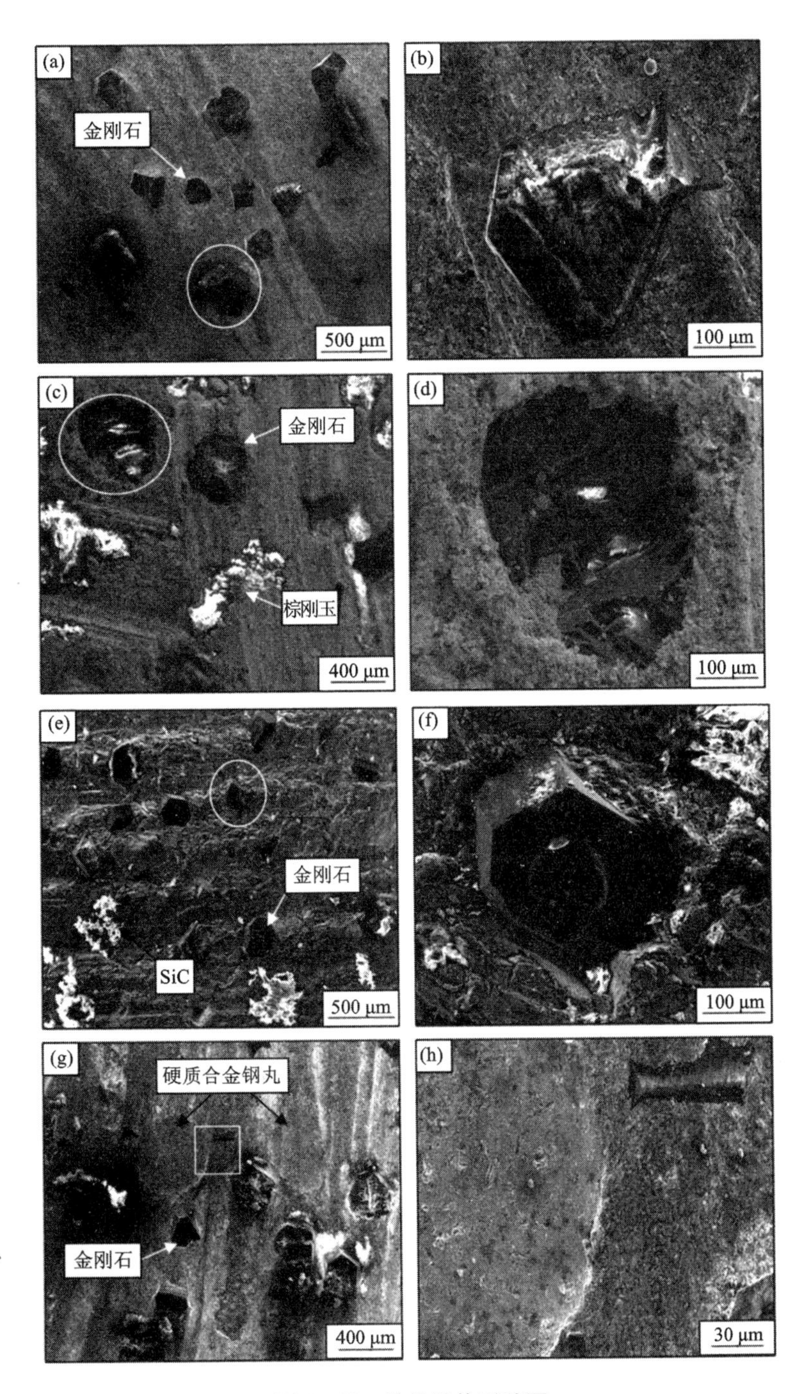

图4-15　钻头胎体形貌图

Fig 4-15　Matrix morphology

本身质量原因出现了破损坑，因此，在后续试验中可适当提高金刚石的品级以提高单颗粒金刚石的使用效率。由于 SiC 颗粒本身的脆性特性及形状不规则的特点，适当浓度 SiC 颗粒的存在一方面减少了单位面积上的金刚石颗粒数，利于唇面比压提高；另一方面由于其本身特性，能够增加胎体的粗糙度，促进金刚石的新陈代谢。因此，SiC 颗粒是一种较好的胎体耐磨损性弱化材质。

图(g)为 4 号钻头胎体形貌图，图(h)为图(g)方形框区域放大照片。从图(g)可以看出，胎体表面形貌和 1 号钻头类似，胎体表面存在较浅的沟槽，金刚石磨粒尾部出现一定程度的蝌蚪状支撑。经能谱分析，图(g)箭头所指部分为合金钢丸成分。由图(h)可以发现合金钢丸在钻头烧结的过程中与胎体粉料融合紧密，没有明显的裂隙，钢丸在钻进的过程中研磨成扁平状没有棱角。4 号钻头相比于 1 号钻头及 2 号钻头，钻进孔数有所提升。这可能是由于合金钢丸的密度较大，在同等质量的前提下，相比于棕刚玉其所需体积较少，且合金钢丸的形状均为圆球状，形状较为规整。在相同质量的条件下，合金钢丸由于所占的体积少，故在单位面积上金刚石颗粒数的下降数量也较少，适当的减少金刚石浓度一定程度上有利于钻进比压的提高，故其钻进孔数略高于 1 号钻头及 2 号钻头。但是由于合金钢丸本身性质导致其无法有效促进金刚石出刃及新陈代谢，故在唇面金刚石磨平、磨钝以后，新颗粒金刚石无法出露，出现钻头打滑现象。因此，合金钢丸不是本次最佳的弱化颗粒材质。

综上所述，本次试验优选出的最佳胎体耐磨损性弱化颗粒材质为 SiC，粒度为 36 目。

4.2.4 弱化胎体耐磨性钻头的参数优化

4.2.4.1 正交试验设计

在确定出胎体耐磨损弱化颗粒材质类型后，为进一步实现金刚石钻头的高效率钻削，应对孕镶金刚石钻头的相关设计参数进行优化。其参数主要包括金刚石磨粒的粒度、浓度，胎体耐磨损性弱化颗粒的浓度以及胎体的硬度。正交试验法的优点在于利用较少的试验次数达到较理想的试验结果，因此本次试验采用正交试验设计的方法来对孕镶金刚石钻头的设计参数进行优化。金刚石磨粒的粒度是影响钻头钻进效率的重要因素。在钻进深度一定的前提下，金刚石粒度与材料的去除率呈正比，即金刚石粒度越粗则钻头的钻进效率越高。但其粒度也不能过粗，因为若粒度过粗，相同钻压条件下单颗粒金刚石所承受的载荷增大，容易导致金刚石的非正常磨损。相比于工程陶瓷、玻璃钢等复合构件的钻孔，地质钻孔对孔壁表面粗糙度无特殊要求，因此粗颗粒金刚石能够满足加工精度的要求。在粒度因素的选择中，本次试验选择的金刚石粒度分别为：40/50 目、50/60 目、60/70 目。金刚石浓度是影响钻进效率的另一重要因素。浓度过低时，胎体表面出露的金刚石颗粒少，钻头唇面实际切削刃少，切削效率下降；而过高的浓度虽然会使胎体表面出露的金刚石增多，但是易使胎体表面单颗粒金刚石承受的载荷过小，同样不利于钻进效率的提升。基于此，本试验的金刚石浓度（砂轮 400% 制）分别为：65%、75%、55%。胎体耐磨损性弱化颗粒的浓度直接影响了钻头钻进效率和使用寿命，弱化颗粒浓度过低则胎体力学性能改变不明显；弱化颗粒浓度过高则金刚石与胎体弱化颗粒易发生互粘现象，导致金刚石提前脱落造成钻头寿命下降。本次试验选择的弱化颗粒浓度分别为：10%、20%、30%。胎体硬度同样是影响钻头钻进性能的重要因素。硬度过高虽然有利于提高胎体对金刚石的把持力，增加单颗粒金刚石的利用率，但是不利于金刚石的自锐，易出现磨平的现象；硬度过低则严重影响了钻头的使用寿命。本次试验设计的胎体硬度分别为 HRC15、HRC20、HRC25。

通过以上分析，不考虑各因素的交互作用，采用 $L_9(3^4)$ 正交表来安排试验，试验因素水平表如表 4 – 14 所示。

表 4 – 14　$L_9(3^4)$ 正交试验水平因素表

Table 4 – 14　$L_9(3^4)$ Orthogonal factor level table

因素	水平 1	水平 2	水平 3
金刚石粒度 *A*/目	40/50	50/60	60/70
金刚石浓度/%	65	75	55
弱化颗粒浓度/%	10	20	30
胎体硬度（HRC）	20	25	15

试验所用钻头尺寸为 ϕ36/24 mm，主轴转速 750 r/min，轴向压力为 3.0 MPa，冷却水流量 120 mL/s。试验前钻头在 αβ 刚玉砖上统一钻进 3 个孔，对钻头进行开刃处理。试验钻进对象为电熔锆刚玉砖，试验数据取稳定钻进 4 个孔的数据。试验过程如图 4 – 16 所示。

4.2.4.2　正交试验结果

正交试验的结果如表 4 – 15 所示，其中 t_1、t_2、t_3、t_4、T 分别表示四次钻孔的单孔钻进时间及四次钻孔的平均时间。对表 4 – 15 的试验数据进行极差分析，计算结果见表 4 – 16，其中 $T_i(i=1, 2, 3)$ 为各因素的 1、2、3 水平试验结果之和的平均值，R 为极差。

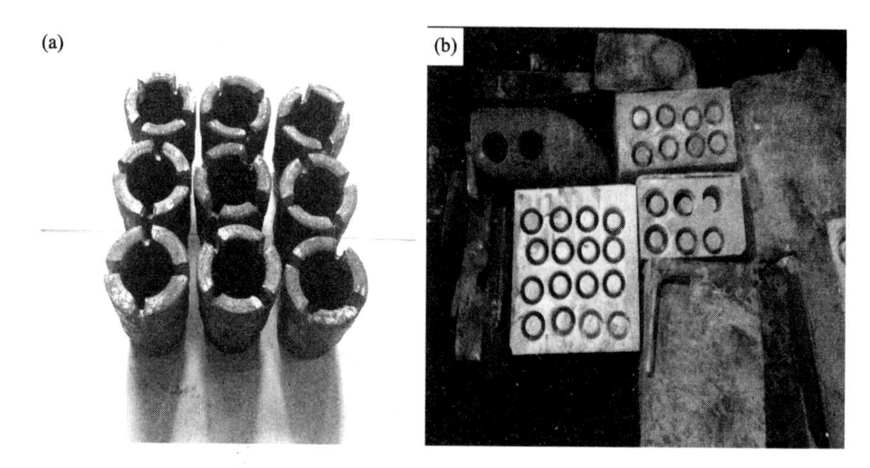

图 4-16 试验过程图

(a)试验钻头图；(b)部分试验砖图

Fig 4-16 Experiment process: (a) experiment bit, (b) experiment brick

表 4-15 正交试验结果

Table 4-15 Result of orthogonal test

序号	A：金刚石粒度/目	B：金刚石浓度/%	C：胎体弱化颗粒浓度/%	D：胎体硬度	t_1 /s	t_2 /s	t_3 /s	t_4 /s	T /s
1	40/50	65	10	30	207	206	187	178	194.5
2	40/50	75	20	25	147	200	210	226	195.7
3	40/50	55	30	15	170	158	137	168	158.2
4	50/60	65	20	15	200	230	271	282	245.7
5	50/60	75	30	30	224	236	208	209	219.2
6	50/60	55	10	25	220	193	200	203	199
7	60/70	65	30	25	260	208	210	194	218
8	60/70	75	10	15	298	260	314	356	307
9	60/70	55	20	30	199	197	204	220	205

表 4-16　极差分析表

Table 4-16　Analysis of range result

	金刚石粒度	金刚石浓度	胎体弱化颗粒浓度	胎体硬度
T_1	548.4	658.2	700.5	618.7
T_2	663.9	721.9	646.4	612.7
T_3	730	562.2	595.4	710.9
R	181.6	159.7	105.1	98.2

从极差分析表中可以看出，金刚石粒度对钻进效率影响最显著，其次依次为金刚石浓度、胎体弱化颗粒浓度和胎体硬度。钻头参数对钻进效率影响的显著性顺序为：$A>B>C>D$。当金刚石的粒度取第一水平(40/50 目)、金刚石浓度取第三水平(55%)、胎体弱化颗粒浓度取第三水平(30%)、胎体硬度取第二水平(HRC25)时效率最高。结合影响因素的主次顺序，因素最优水平组合为 $A1B3C3D2$，即：金刚石粒度 40/50 目、金刚石浓度 55%、胎体弱化颗粒浓度 30%、胎体硬度 HRC25。该最优组合采用的是低浓度、粗颗粒金刚石设计方案，胎体弱化颗粒采用的是高浓度设计方案。

图 4-17 为各因素对钻进效率的影响趋势图，从图中可以看出：

(1) 金刚石粒度与钻进效率成正比。金刚石粒度越大，相同浓度下，单位面积内金刚石颗粒数越少，单颗粒金刚石承受的荷载越大，越有利于金刚石刻入岩石，提高碎岩效率。

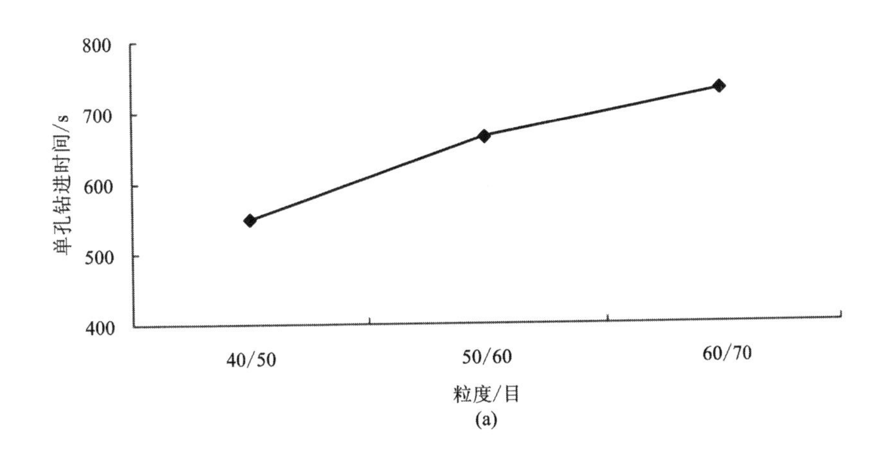

(a)

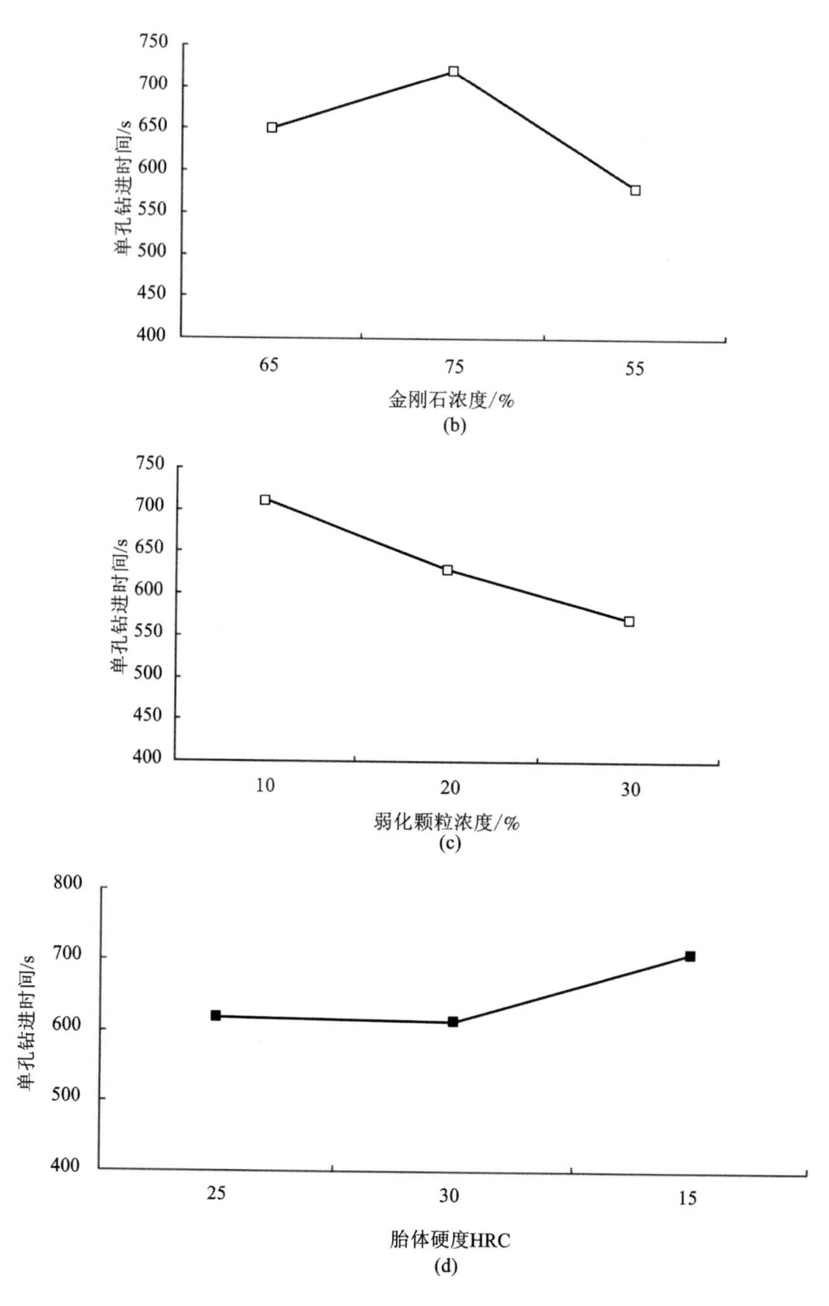

图 4－17　各因素对钻进效率影响趋势图

(a)单孔钻进时间与金刚石粒度的关系；(b)单孔钻进时间与金刚石浓度的关系；(c)单孔钻进时间与弱化颗粒浓度的关系；(d)单孔钻进时间与胎体硬度的关系

Fig 4－17　The effect of different element on drilling efficiency

(2)金刚石的浓度与钻进效率在一定范围内同样呈正比例关系。在正常切削浓度范围内，浓度越高，出刃的金刚石颗粒越多，越有利于增加碎岩体积。本书也进行了高浓度金刚石设计方案的钻进试验，其钻进效率要低于金刚石浓度为55%、弱化颗粒浓度为30%的钻头。一方面是因为过高的浓度减小了胎体对金刚石的把持力，容易导致金刚石提前脱落；另一方面，浓度过高，在相同的钻压条件下，单颗粒金刚石承受的荷载小，容易造成金刚石磨钝失效的现象。

(3)钻头的钻进效率随胎体弱化颗粒浓度的增加而提高，但是过高的弱化颗粒浓度易导致钻头钻进寿命的缩短。

4.2.4.3　优化方案的验证

根据最优水平组合 *A*1*B*3*C*3*D*2，在同样的工艺条件下制作金刚石钻头，并在同样的试验条件下对 36 号电熔锆刚玉砖进行钻进试验，在稳定钻削 10 个孔后(孔深 80 mm)，平均钻削时间为 165 s，同表 4 - 15 中钻进效率最高的 1 组试验数据对比，可以证明 *A*1*B*3*C*3*D*2 的优化参数组合具有最高的钻进效率。继续钻进进行寿命测试，其钻进的总长度可达 2240 mm(22 个孔)。由表 4 - 10 可以看出常规金刚石钻头在钻进 5 个孔后即出现打滑现象，导致钻头实际使用寿命下降。因此 *A*1*B*3*C*3*D*2 的优化参数组合钻头在试验条件下的钻进效率和使用寿命均为本次试验的最优，综合性能较高。

此外，采用 *A*1*B*3*C*3*D*2 的优化参数组合制作钻头并进行钻进高铝耐火砖的试验，测试该最优方案钻进不同类型坚硬致密弱研磨性材质的表现情况。试验共设计了钻头编号分别为 1、2、3、4 的四种钻头设计方案。其弱化颗粒浓度分别为 15%、20%、25%、30%，其余设计参数均相同。采用单孔钻进时间表征钻头的钻进效率，每只试验钻头钻进 10 个孔(孔深 80 mm)。正式钻进前，每支试验钻头均在 αβ 砖上钻进 3 个孔做开刃处理。试验钻头的寿命采用理论寿命的方式进行表征。其计算方法为：理论寿命 =(钻齿原始高度 ÷ 钻齿钻进后高度) × 钻进长度。试验钻头的钻进效率及钻头理论寿命图分别如图 4 - 18 及图 4 - 19 所示。

由图 4 - 18 及图 4 - 19 可以看出：相比于钻进电熔锆刚玉砖，采用优化参数方案制作的钻头在钻进高铝耐火砖的过程中其钻进效率提高明显。这表明该最优参数方案具有一定的广谱性。但是值得一提的是，在钻进高铝耐火砖材质时，适当降低弱化颗粒的浓度同样能达到较好的综合性能。4 号钻头的弱化颗粒浓度为30%，虽然其钻进效率高于其他试验钻头，但是其理论寿命明显低于其他钻头。3 号钻头的弱化颗粒浓度 25%，虽然其钻进效率略低于 4 号钻头，但是仍在使用要求之内，且其理论寿命高于 4 号钻头，具有较高的综合性能。2 号钻头的理论寿命与 3 号钻头相当，但是其钻进效率低于 3 号钻头，因此不是本次试验的最佳方案。1 号钻头由于弱化颗粒含量过低，在钻进的后期，单孔钻进时间显著增加，严重影响了钻头的钻进效率，不适合作为钻进坚硬致密弱研磨性材质的设计方

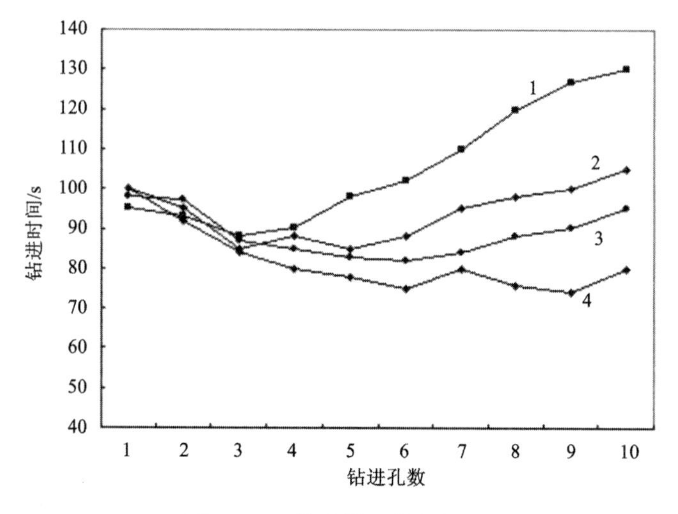

图 4 - 18　钻头钻进效率折线图

1—1 号钻头；2—2 号钻头；3—3 号钻头；4—4 号钻头

Fig 4 - 18　Drilling efficiency

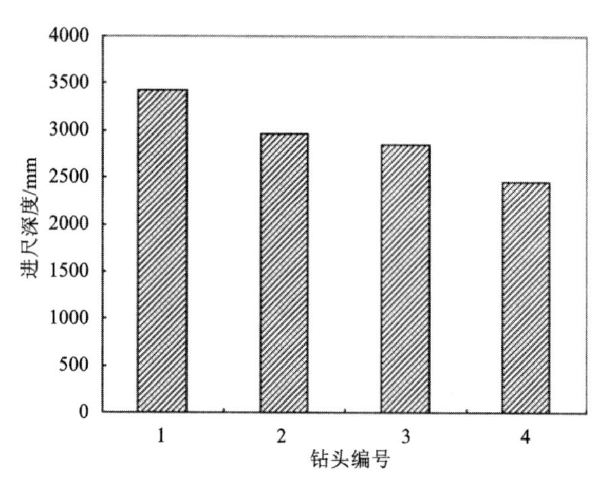

图 4 - 19　钻头理论寿命直方图

Fig 4 - 19　Service life of bit

案。通过本次试验初步预测受坚硬致密钻进材质性能差异的影响，胎体中弱化颗粒浓度可根据具体情况在 25% ~30% 进行调节。

4.2.4.4　钻进工艺参数对效率的影响

(1)轴向力的影响

图 4－20(a)为主轴转速在 750 r/min 时，不同轴向压力下的钻孔时间。从图中可以看出，随着轴向力的增加，单孔钻进时间减少，钻进效率有所提升。这是因为在较高轴向力的作用下，单颗磨粒刻入岩石的深度增加，在主轴转速不变的情况下，单颗磨粒的岩石切削体积增加，导致岩石表面去除率增加，提高了钻进效率。但是，当轴向力增大至 3.5 MPa 时，钻进效率有所下降且钻机主轴出现了一次异常停转的现象。这是因为 36 号电熔锆刚玉材质坚硬致密，允许的进尺量较小，过大的轴向力增大了单颗粒金刚石承受的剪切力，与进尺方向垂直的切向磨削力增大。当切向力足够大时，由于钻机受到最大功率的限制，主轴扭矩不足产生短暂的异常停转现象，严重影响了试验的顺利进行。此外，钻压过大易导致单颗粒金刚石非正常磨损，降低了单颗粒金刚石的利用率，造成钻进效率下降。过大的轴向力同样易导致排屑困难，冷却液难以进入切削区，造成唇面堵塞和烧伤，也会影响钻进效率。因此，在试验条件下，轴向压力不宜超过 3.5 MPa。

(2)主轴转速的影响

图 4－20(b)为轴向压力 3.0 MPa 时，不同主轴转速下的钻孔时间，从图中可以看出：主轴转速的提高，能够在一定范围内提高钻进效率；而另一方面，当主轴转速达到 980 r/min 时，钻进效率呈下降趋势。这主要是由于以下原因：一方面随着主轴转速的提高，金刚石切削刃承受的切向力增加，促进了金刚石的提前脱落及破碎，金刚石新陈代谢速度提高；另一方面，若主轴转速过高，在轴向力恒定的情况下，金刚石的切向速度与单位时间内的切削深度呈反比，此外，切削速度的增加加快了金刚石的非正常磨损，两者的综合作用易导致金刚石的磨平磨钝，影响钻进效率。在试验条件下，主轴转速以 750～850 r/min 为宜。

4.3　本章小结

本章利用混合试验和极端顶点试验法优化设计了 WC 基胎体配方；利用室内微钻试验法及电子探针等分析设备，研究了不同材质的弱化颗粒对钻进性能的影响；利用正交试验法及室内微钻试验法，研究了金刚石粒度、金刚石浓度、弱化颗粒浓度及胎体硬度对钻进效率的影响；利用室内微钻试验法，研究探讨了主轴转速及钻压对钻进效率的影响。得出以下结论：

(1)采用混合试验和极端顶点试验法对钻头胎体配方进行优化，当含 WC50%，Ni12%，Co7%，Mn5%，663Cu 26%时，胎体配方硬度达到最高值，预测值为 HRC 42.91。对其进行优化验证性试验，所测硬度为 HRC 42.3，与预测值基本吻合，证明了极端顶点试验法及回归求解具有较高的可靠性。

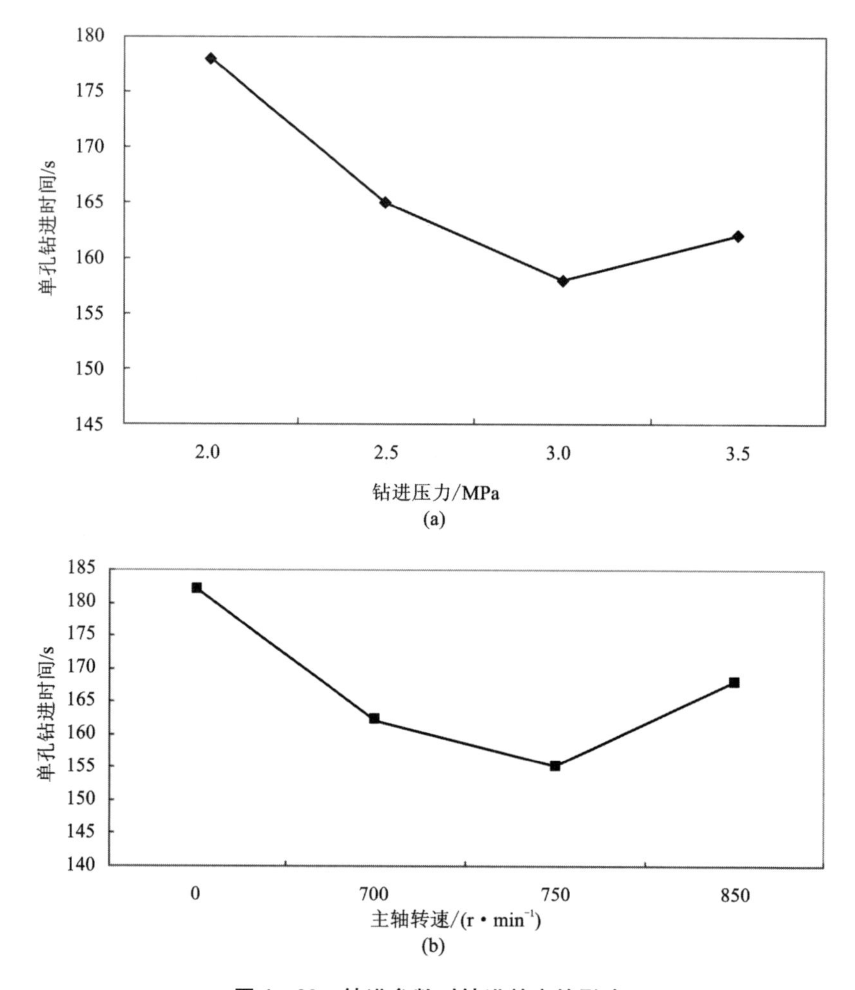

图 4-20　钻进参数对钻进效率的影响

(a)压力对钻进效率的影响；(b)主轴转速对钻进效率的影响

Fig 4-20　The effect of drilling parameter on drilling efficiency:(a) effect of pressure on drilling efficiency,(b) effect of rotating speed on drilling efficiency

(2)对胎体弱化颗粒材质进行了优选，相比于棕刚玉颗粒及硬质合金钢丸，SiC 颗粒由于其具有脆性断裂、剥落的特点，能够改善钻头胎体的粗糙度，较宜作为胎体耐磨损性弱化颗粒。

(3)综合考虑金刚石粒度、浓度，胎体弱化颗粒浓度及胎体硬度，设计正交试验对钻头性能进行优化。其最优方案为：胎体硬度 HRC 25、金刚石粒度 40/50 目、金刚石浓度 55%、胎体弱化颗粒浓度 30%。根据不同类型的坚硬致密弱研磨性材质，弱化颗粒的浓度可在 25%～30%进行调整。

(4)对钻进工艺参数对钻进性能的影响进行了研究，结果表明：在相同主轴转速条件下，随着轴向力的增加，单孔钻进时间减少，钻进效率提高，但是其轴向压力不宜超过 3.5 MPa。在相同轴向压力的条件下，主轴转速的提高，能够在一定范围内提高钻进效率，其主轴转速以 750～850 r/min 为宜。

第 5 章　切削齿齿型结构对钻进性能影响的仿真分析

由于室内试验阶段选用的钻头尺寸较小，无法有效设计较复杂的切削齿齿型结构，因此采用数值模拟的方法研究不同切削齿齿型结构对钻头钻进性能的影响。本章首先针对坚硬致密弱研磨性地层的特点，优选出适应于该地层的切削齿齿型结构；其次，利用 ANSYS 14.0 作为分析工具，借助有限元分析手段，模拟计算钻头的钻进过程；再次，利用 LS - PREPROST 后处理器和 Image - Pro Plus (IPP)生物医学图型处理分析软件对计算结果进行分析，在相同钻进参数下，分析了各钻头的应力变化趋势，对比了各钻头的碎岩效率及岩石破碎体积；最后，提出了一种基于图像处理技术的应力值分布范围对比方法。通过图像识别技术，提取不同应力值的分布范围，通过统计不同应力值颜色的像素点总数，半定量出不同应力值的分布面积，该方法具有一定的推广性。

5.1　切削齿齿型结构优选

在深孔钻进中，常采用绳索取芯钻进技术。绳索取芯技术有以下优点：①能够有效减少升降钻具的辅助工作时间，增加纯钻工作时间；②由于绳索取芯钻杆与孔壁间隙小，钻头工作更加稳定，降低了由钻具振动引起的钻头非正常磨损几率；③能够做到遇堵即提，有利于提高岩矿芯的采取率。虽然绳索取芯技术优势明显，但仍有不足之处：①钻杆壁较薄，刚性差且与孔壁环状间隙小，冲洗液对钻具产生的反作用力大，容易导致压力损失；②钻头唇面壁厚，钻进所需轴向压力大，对钻机性能要求高[109]。

深孔钻进中，钻头直径多以 75 mm 为主，相应钻杆选用直径 50 mm，壁厚为 5.5 mm；或选用直径 73 mm 的绳索取芯钻杆，壁厚为 3.75 mm。这样的钻具结构在孔内是一根完全失稳的压杆，钻压过高则造成钻杆弯曲折断，钻压过低则无法有效钻进[110]。因此，如何通过合理设计切削齿齿型结构来有效提高绳索取芯钻头单位面积上的唇面比压具有重要的研究意义。

在钻进坚硬致密弱研磨性地层时，钻头切削齿的结构设计应注意以下几点：①能有效提高钻头唇面比压；②齿型结构不应过分复杂，便于批量生产；③适当兼顾钻头使用寿命及切削齿整体抗弯强度，减少断齿及工作层消耗过快等情况的发生几率。近年来，国内外学者和科研人员在切削齿结构优化上做了大量工作，先后设计出了圆弧型、阶梯型、同心环齿型、凹凸型、花齿型、宽水口型等特殊齿型。本章从中优选出三种典型的齿型结构进行数值模拟分析，预测不同齿型钻头在坚硬致密弱研磨性地层的钻进效果，钻头实物图如图5－1所示。

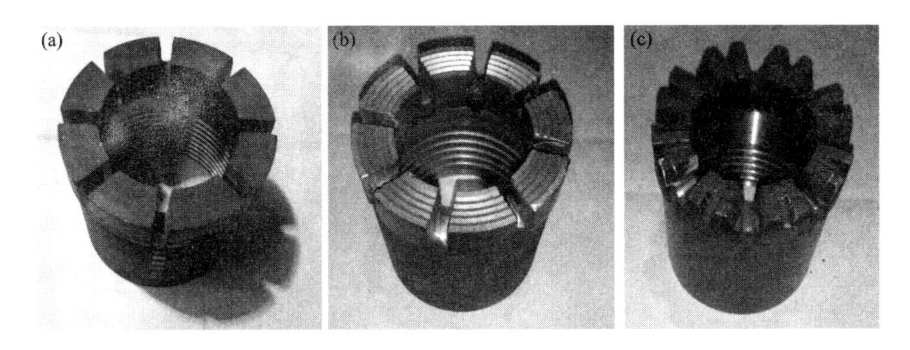

图5－1　不同切削齿型钻头

(a)平底型唇面；(b)同心环齿型唇面；(c)花齿型唇面

Fig 5－1　Different cutter structure：(a) flat bottom，(b) concentric－ring，(c) lattice teeth

图5－1(a)为平底型钻头，该齿型是目前使用最广、通用性最强的一种设计方式。该齿型制造简单、成型好、尺寸精准、性价比高。配以合理的金刚石参数和胎体性能，可用于各种地层。图5－1(b)为同心环齿型钻头，该钻头底唇面呈尖齿状，与岩石接触面积小，有利于提高单位面积上的轴向荷载。由于同心环齿型设计，易使岩石表面形成多个自由面，促进岩石微裂隙的发展，有利于提高岩石体积破碎几率。图5－1(c)为花齿型钻头，该钻头胎块设计较短，有效减小了钻头与岩石接触的表面积，提高唇面比压效果明显；增加了胎体表面的过水面积，有利于充分冷却金刚石及残留孔底岩粉，增加孔底岩粉的研磨能力。

5.2　有限元方法简介

LS－DYNA是世界上最著名的通用显式非线性动力分析程序，能够模拟真实世界的各种复杂问题，特别适用于求解各种二维、三维非线性结构的高速碰撞、爆炸和金属成形等非线性动力冲击问题[111]。在工程应用领域被广泛认可为最佳的分析软件包。

LS－DYNA以Lagrange算法为主，兼有ALE和Euler算法；显式求解为主，兼有隐式求解功能；以结构分析为主，兼有热分析、流体－结构耦合功能；以非线性动力分析为主，兼有静力分析功能，它的计算可靠性已经被大量试验所证明，因此在工程应用领域被认为是最佳的分析软件包[112]。

与一般的 CAE 辅助分析软件操作过程类似，ANSYS/LS－DYNA 分析过程也包括问题的规划、前处理、求解以及后处理 4 个部分，如图 5－2 所示。

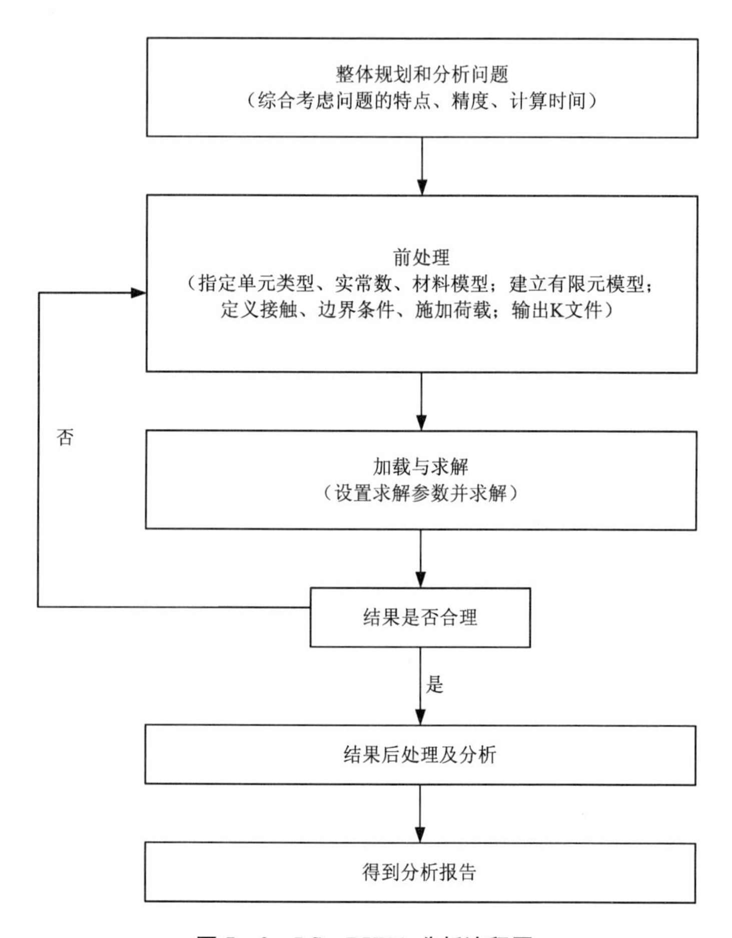

图 5－2　LS－DYNA 分析流程图

Fig 5－2　LS－DYNA analysis process

(1)问题的规划

在分析的开始，首先确定分析的目的、细节、选用单位类型等。规划的好坏直接决定了分析的精度、时间和成本。

(2)前处理

前处理主要包括设置 Preference 选项、指定分析所选用的单位类型并定义相关的常数、定义材料模型、创建几何实体模型、网格划分、定义 PART、定义接触信息、边界条件和荷载等。

(3)加载和求解

指定分析的接触时间以及各项控制求解参数，形成关键字K文件(LS-DYNA程序的标准输入文件)，递交给求解处理器进行求解。

(4)结果处理与分析

后处理有基于ANSYS和基于LS-PREPOST两种不同的后处理方式。既可以使用ANSYS通用后处理POST1来观察整个应力应变状态、使用时间历程后处理器POST26绘制时间历程曲线，也可以用LS-PREPOST进行应力、应变、时间历程曲线绘制。

5.3 建模过程与求解

5.3.1 建立模型

利用SOLIDWORK 3D绘图软件绘制3维实体模型并生成X-T格式文件，导入ANSYS LS-DYNA进行下一步处理。钻头模型分为两个部分：切削齿部分和刚体部分。为了避免由于螺纹部分产生应力集中，使得钻头碎岩的受力情况难以观察，影响运算时间，本次设计对模型进行了简化，不绘制螺纹部分。钻头的尺寸为：外径75 mm、内径49 mm、高度80 mm。在ANSYS LS-DYNA中直接建立岩石模型，岩石尺寸为120 mm×120 mm×40 mm。为了节省分析计算时间，定义钻齿与岩石的初始接触距离为0.1 mm。模型效果图如图5-3所示。

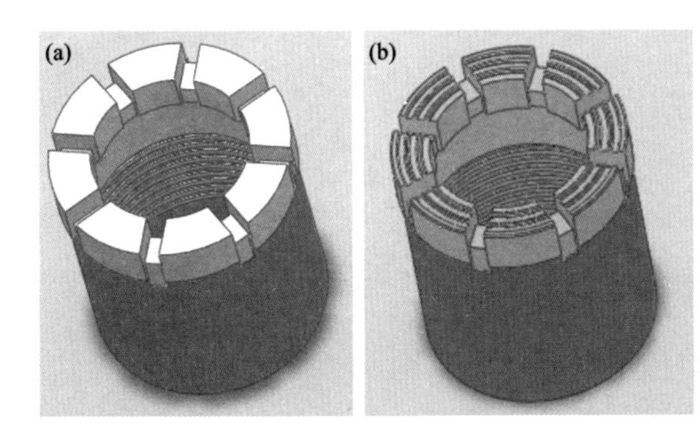

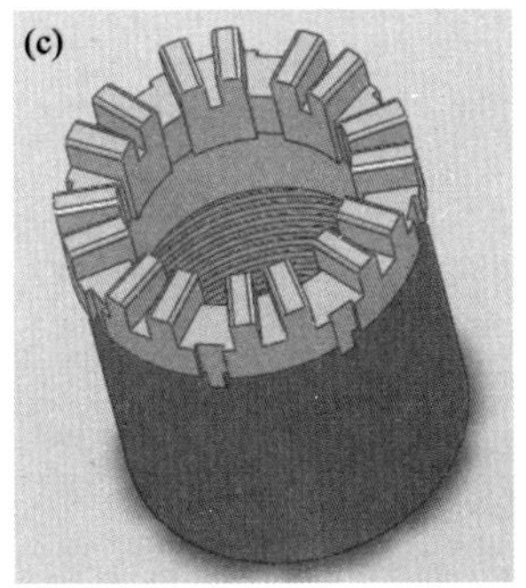

图5-3　钻头模型效果图

(a)平底型钻头；(b)同心环齿型钻头；(c)花齿型钻头

Fig 5-3　Bit model：(a) flat bottom bit，(b) concentric-ring bit，(c) lattice teeth bit

5.3.2 设置材料属性

应用 LS－DYNA 进行分析时，材料参数的选择直接影响分析的精确度。材料参数的准确性对分析结果起到至关重要的作用。本次模拟分析中设置钻头钢体部分为刚性体模型（*MAT_RIGID），钻头钢体参数表如表 5－1 所示。此模型在显示动力学分析中应用广泛[113]。定义有限元模型时，刚性的元件能够减少运算的时间，提高分析结果精度。刚体模型中全部节点的自由度都与质量中心相耦合，自由度数量为六个，不随节点数量的增加而增多。节点上的位移与应力是随时间步内刚体上加载的力和力矩合成。需要输入的材料参数有：弹性模量 EX、密度 $DENS$、泊松比 $NUXY$。钻头切削齿的本构模型为各向同性的（Isotropic）弹性模型（*MAT—ELASTIC），它的特点是所有方向的材料特性相同，钻头切削齿参数如表 5－2 所示。岩石采用 H－J－C 模型，模型参数如表 5－3 所示[114]。对 H－J－C 模型添加关键字＊MAT_ADD_EROSION 实现岩石失效应变设定。本次岩石塑性失效应变设定为 0.06。该模型主要应用于高应变率、大变形下的岩石模拟。在 LS－DYNA3D 中 H－J－C 模型的定义方式为：＊MATJ0HNS0：N_H0LMGUIST_C0N_CRE，材料编号为 111。H－J－C 模型综合考虑了高应变率、大变形、高压效应，其等效屈服强度是应变率、压力及损伤的函数，且压力为体积应变函数。H－J－C 模型的强度以规范化等效应力描述：

$$\sigma^{*}=[A(1-D)+BP^{*}](1+C\ln\varepsilon^{*}) \tag{5-1}$$

式中：$\sigma^{*}=\sigma/f_c^{t}$—实际等效应力与静态屈服强度之比；

$P^{*}=P/f_c^{*}$—无量纲压力；

$\varepsilon^{*}=\varepsilon/\varepsilon_0$—无量纲应变率。

损伤因子 $D(0<D<1)$ 由等效塑性应变和塑性体积应变累加得到

$$D=\sum\frac{\Delta\varepsilon_P+\Delta\mu_P}{\varepsilon_P^f+\mu_P^f} \tag{5-2}$$

式中：$\Delta\varepsilon_P$—等效塑性应变增量；

$\Delta\mu_P$—等效体积应变增量。

$f(P)=\varepsilon_P^f+\mu_P^f=D_1(P^{*}+T^{*})^{D_2}$ 为常压 P 下材料断裂时的塑性应变；P 和 T 为规范化压力与材料所能承受的规范化最大拉伸静水压力；D_1、D_2 为损伤常数。

对 H－J－C 模型添加关键字＊MAT_ADD_EROSION 实现岩石失效应变设定。本次岩石塑性失效应变设定为 0.06。

表 5 - 1　钻头钢体参数表

Table 5 - 1　Parameter of bit body

密度/($kg \cdot m^{-3}$)	弹性模量/GPa	泊松比
3800	210	0.22

表 5 - 2　钻头切削齿参数表

Table 5 - 2　Parameter of cutter structure

密度/($kg \cdot m^{-3}$)	弹性模量/GPa	泊松比
3520	710	0.2

表 5 - 3　花岗岩 H - J - C 模型材料参数

Table 5 - 3　Parameter of granite H - J - C modle

ρ_0/($kg \cdot m^{-3}$)	G/Pa	A	B	C	N	f_c/Pa	T/Pa	E/Pa	EF_{min}	SF_{max}
2700	1.054E11	0.79	1.6	0.007	0.61	1.8E8	E6	7E10	0.01	7

5.3.3　网格划分

为简化问题分析的难度，模拟过程中元件的单元类型选用 SOLID164 八节点六面体实体单元，该单元可以选择需要沙漏控制、对变形问题十分有效的单点积分或求解慢、但无沙漏的完全积分两种算法。网格划分是有限元数值模拟分析过程中一个重要的环节，网格质量的优劣直接影响了有限元计算结果的正确性。ANSYS 提供了映射网格和自由网格两种划分方法。钻头钢体部分采用六面体扫略网格划分方法，如前所述刚体的运算与节点的数量无关，划分的网格较粗。钻头切削齿部分形状不规则，使扫描网格划分比较困难，所以采用自由四面体网格划分方法。此网格划分较细，有利于查看切削齿表面的应力情况。岩石选用扫略(六面体)网格划分方式，在与钻头接触部位的网格划分细腻、均匀，控制网格的大小为 0.001 mm。四周的网格间隙较大，是因为其对计算结果影响较小，并能减少单元数，提高求解的速度。模型网格划分图如图 5 - 4 所示。

5.3.4　定义接触类型与求解

定义接触类型是 LS - DYNA 分析过程中的一个重要步骤。不同运动物体发生接触时，首先应了解两者之间的接触类型及相关的参数。本次设计选择的接触类型为 LS - DYNA 中的自动侵蚀接触，关键字是 * CONTACT—ERODING—

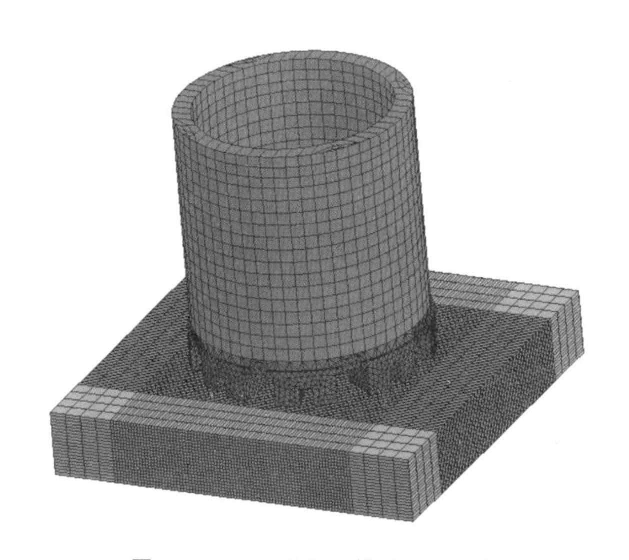

图 5 -4 LS - DYNA 模型网格划分

Fig 5 -4 LS - DYNA modle network partition

SURFACE_TO—SURFACE。设置静摩擦系数和动摩擦系数分别为 0.35 和 0.25。根据实际岩石钻进的情况，需对岩石底部施加固定约束，对岩石四个侧面施加非反射边界条件设置。钻头为轴向压力加载，钻压 15 kN，转速为 750 r/min，且固定转动方向为顺时针旋转，使其仅绕 Z 轴转动。钻头在钻进过程中，当岩石达到定义的失效应变时，岩石上节点连接的单元就相互分离，从而模拟岩石的破碎现象。在定义完相关关键字后，调用 LS - DYNA 求解器进行求解。

5.4 结果分析

采用 LSTC 公司专门针对 LS - DYNA 求解器开发的 LS - PREPROST 后处理器和 MEDIA CYBERNETICS 公司开发的 Image - Pro Plus(IPP)图像处理分析软件共同分析本次数值模拟的计算结果文件。LS - PREPROST 后处理器提供了诸如计算结果图形、动画显示、结果数据图等分析功能。Image - Pro Plus(IPP)图像处理分析软件在医学图像领域应用广泛，拥有强大的图像参数测量与分析功能，能够提供：面积百分比、颗粒计数、各种形态参数测量、位置参数测量、灰度光密度测量、数学形态学分析、图像的校准与校正、彩色图像的分割与分析、图像编辑等功能[115]。

5.4.1　钻进过程中岩石的应力分析

采用Von mises stress等效应力值表征应力水平指标。Von mises stress等效应力由正应力和剪切应力组成，用来描绘复杂应力状态。钻井过程中，金刚石钻头在轴向压力和旋转作用力下，切削破碎岩石。现实中的钻井过程较复杂，不仅存在轴向压力和剪切力，受钻机振动和钻具回转影响，同时产生振动冲击荷载。因此，本模型是理想回转钻进，整个钻进过程不存在冲击荷载。以普通平底钻头为例进行分析，钻头碎岩过程中岩石的破碎包括以下几个阶段：

(1)岩石弹性变形阶段

岩石在钻头钻压和转速的共同作用下，产生压缩弹性变形，岩石局部被压密形成密实核，如图5－5(a)所示。由于设置岩石模型时未考虑岩石原生裂隙，所以该模型中无原生裂纹被逐渐压密的阶段。岩石在压缩弹性变形阶段，岩石并未发生体积破碎，卸除荷载后变形得到恢复。

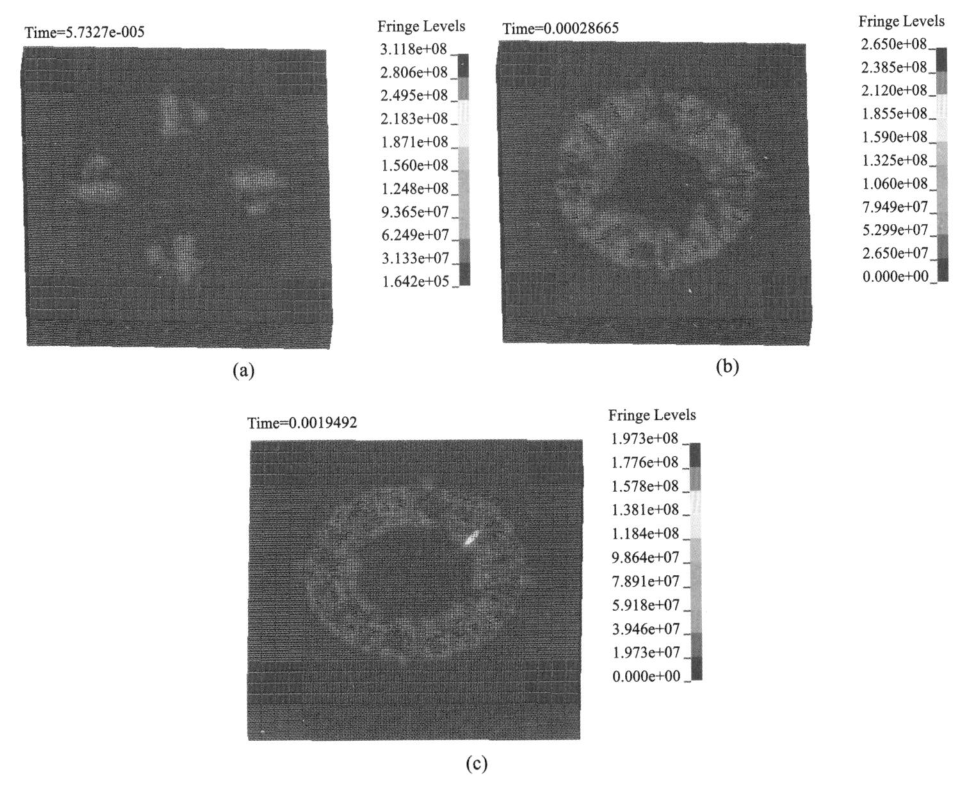

图5－5　岩石破碎过程图

(a)岩石弹塑性变形阶段；(b)岩石压入压碎阶段；(c)岩石体积破碎阶段

Fig 5－5　Rock breaking process：(a) elasto plastic deformation，(b) crushed process，(c) bulk cracking

(2)岩石压入压碎阶段

随着碎岩过程的进行，钻头继续压缩岩石，当钻头施加在岩石上的作用力超过岩石的破碎强度时，切削齿在轴向力的作用下压入压碎岩石，岩石表面形成零散破碎坑，如图5－5(b)所示。

(3)岩石体积破碎阶段

随着碎岩过程的进一步深入，钻头切削齿在轴向荷载和旋转荷载作用下，除克服切削齿本身与岩石的摩擦力外，还以一定速度向前移动，沿切削齿旋转方向，切削齿前部岩石产生大体积剪切，后部岩石产生张力破碎，岩石表面产生大范围的体积磨损，如图5－5(c)所示。

5.4.2 平底钻头应力分析

平底钻头在碎岩初始阶段，沿旋转方向切削齿前缘的应力值较大，首先出现应力集中现象，如图5－6(a)所示。这表明，在钻进过程中，该部位首先与岩石接触，剪切力瞬间施加于这一区域，导致应力集中，直至岩石达到最大剪切应力，表面产生破碎坑。随着钻进时间的延长，钻头唇面与岩石的接触面积渐增，单位切削齿面积上分配的钻压和扭矩相应降低，钻头唇面应力分布范围趋于均匀，有利于保持钻头的均匀磨损，表现出平稳钻进的趋势，如图5－6(b)所示。此外，值得一提的是，在实际钻探的过程中，平底钻头内外径边缘靠近水口部位易产生应力集中现象且应力值较大。过高的应力值易导致钻头内外径边缘处发生磨损变相，产生不均匀磨损，唇面外径磨成圆弧状，内径形成内喇叭口形状，导致钻头提前报废。因此，钻头内外径应采取相应的补强措施。

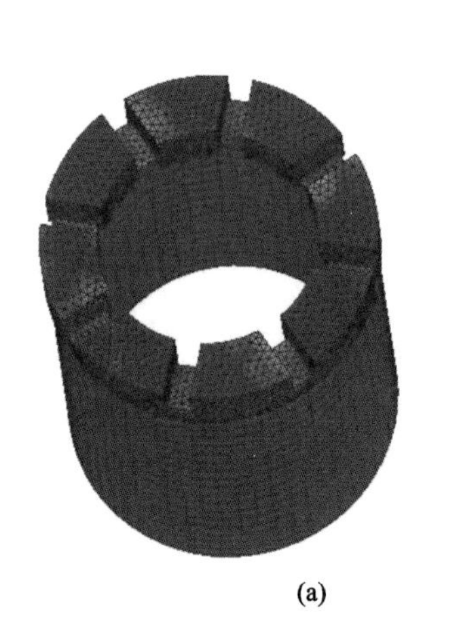

(a)

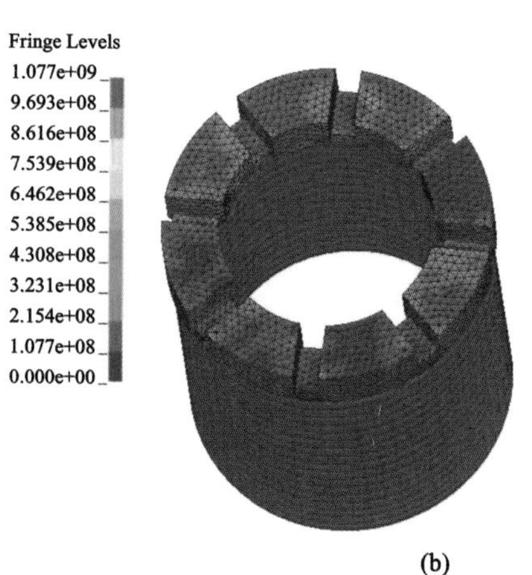

(b)

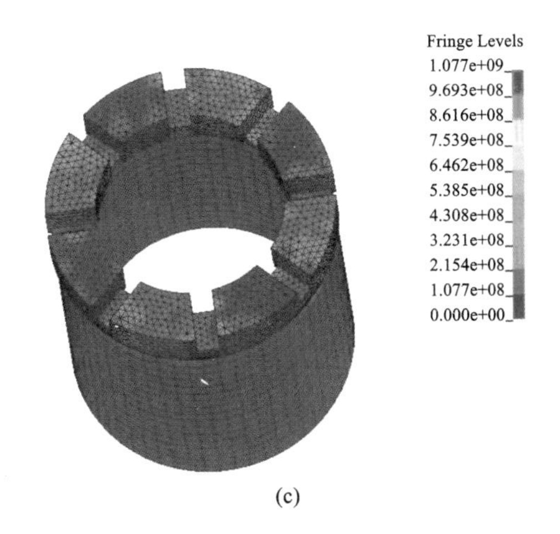

(c)

图5-6 平底钻头应力图

(a)0.00017199 s应力图;(b)0.00091728 s应力图;(c)0.0039558 s应力图

Fig 5-6 Stress diagram of flat bottom bit:(a) 0.00017199 s,(b) 0.00091728 s,(c) 0.0039558 s

5.4.3 同心环齿型钻头应力分析

同心环齿型钻头在钻进的过程中,与平底钻头相似,沿旋转方向切削齿的前缘易产生应力集中。如图5-7(a)所示,在相同时间步长,同心环齿型钻头相比于平底钻头,应力分布范围较广,表明在与岩石接触初期,钻头切削齿受力均匀,钻进比较平稳,径向稳定性能较好。最大应力区域分布在靠近切削齿前缘的齿尖部位且分布数量比平底钻头多,说明采用同心环齿型设计的钻头相比于平底钻头能有效提高唇面比压,有利于提高钻头的碎岩效率。如图5-7(b)所示,在整个碎岩的过程中,同心环齿型钻头应力均分布于同心环齿的齿尖上。环齿齿尖受力较大,有利于齿尖刻入岩石,使岩石表面产生微裂隙,提高钻进效率。但是,齿尖在钻进过程中所受应力与齿尖的磨损成正比,过大的应力值易加快齿尖的磨损,当同心环齿唇面磨平后,其与平底钻头没有区别,易导致钻进效率下降。此外,随着钻进时间的延长,同心环齿型钻头在钻进的过程中也易出现靠近内径处应力较大的现象,如图5-7(c)所示。在生产过程中可采用分层装料的方式,对靠近内径附近胎体的耐磨损性能进行补强。

5.4.4 花齿型钻头应力分析

花齿型钻头在钻进的过程中,如图5-8(a)所示,在相同时间步长内,钻齿唇面应力分布范围均要大于同心环齿型和平底型钻头,且应力值较为均匀,钻进

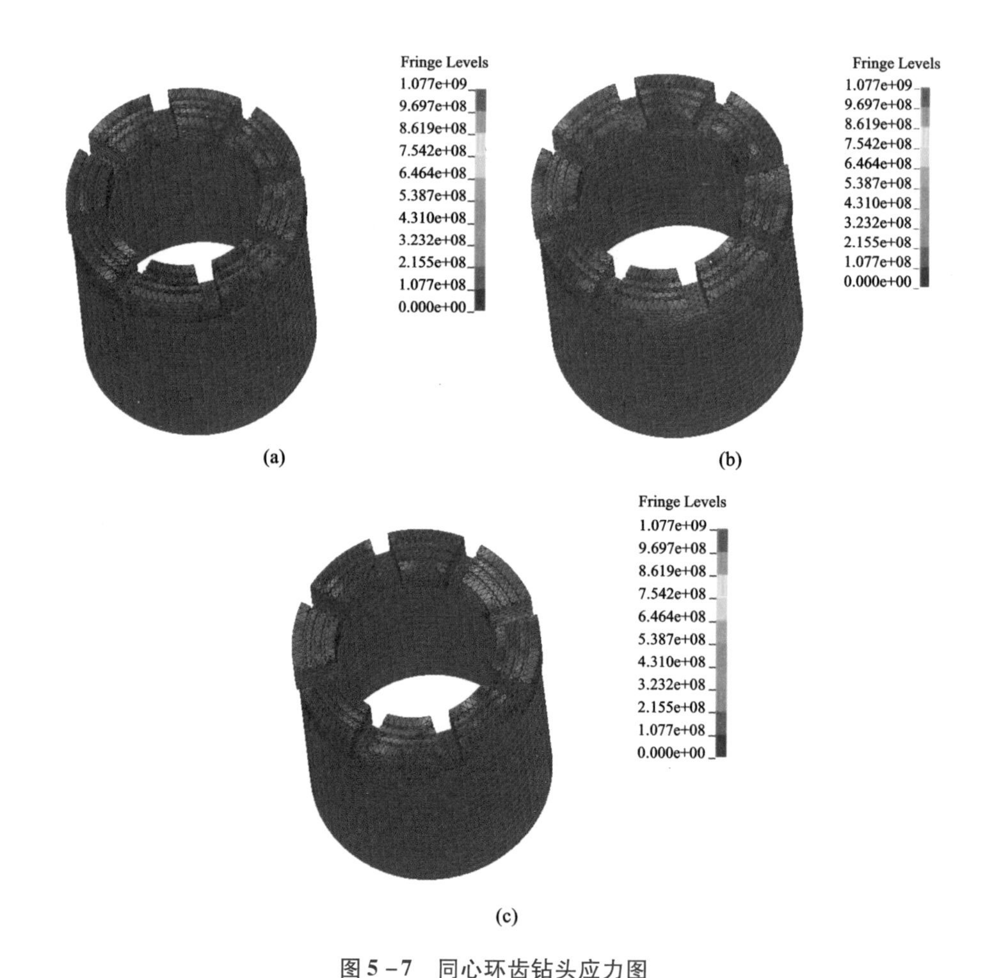

图 5-7　同心环齿钻头应力图

(a)0.00017199 s 应力图；(b)0.00091728 s 应力图；(c)0.0039558 s 应力图

Fig 5-7　Stress diagram of concentric-ring bit：(a) 0.00017199 s，(b) 0.00091728 s，(c) 0.0039558 s

初期没有出现明显的切削齿边缘应力值过大的现象。由于钻头独特的齿型设计，减小了钻齿与岩石的接触唇面，提高了钻头唇面的钻进比压，有利于提高碎岩效率。此外，花齿型设计，增加了唇面的过水面积，有利于钻头唇面金刚石的冷却，提高单颗粒金刚石的利用率。如图 5-8(b)所示，整个钻头在钻进的过程中，应力值大小和范围分布均匀，无明显的异动现象。说明相比于平底钻头和同心环齿型钻头，花齿钻头更易于保持钻进效率的稳定性。在钻进的后期，如图 5-8(c)所示，花齿钻头与平底钻头类似，出现了钻头外径边缘处应力集中的现象。由于花齿型设计导致钻头的胎体变窄，钻齿的抗弯强度相比于平底钻头和同心环齿钻头要低。因此，在实际钻探的过程中，若长时间保持过高的应力集中，则易增加钻头断齿的风险。

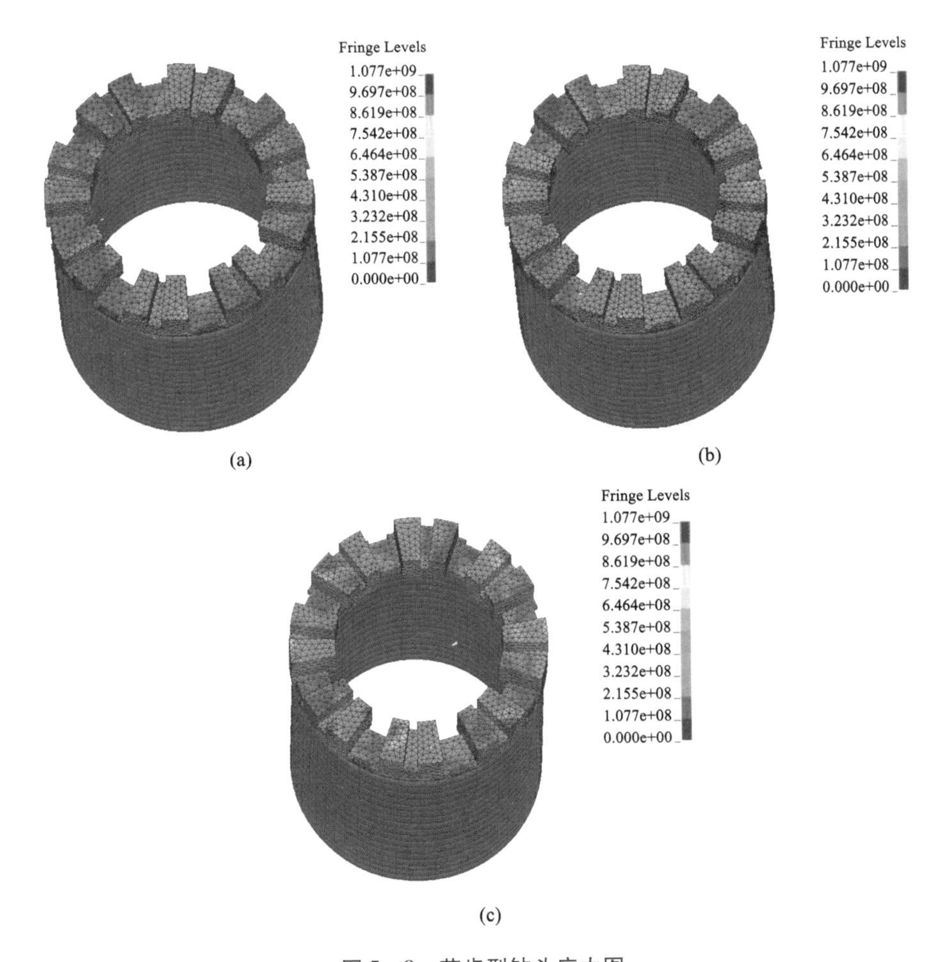

图 5 -8　花齿型钻头应力图

(a)0.00017199 s 应力图；(b)0.00091728 s 应力图；(c)0.0039558 s 应力图

Fig5 -8　Stress diagram of lattice teeth bit：(a) 0.00017199 s，(b) 0.00091728 s，(c) 0.0039558 s

5.5　钻进效率对比分析

三种齿型钻头的 Y 方向位移 - 时间历程曲线如图 5 -9 所示。从图中可以看出，在钻进过程中，钻头在 Y 方向上的位移均产生了不同程度的跳动，花齿型钻头的曲线跳动幅度较均匀，同心环齿钻头其次，平底型钻头最差。曲线跳动幅度越小代表进尺过程越平稳，越有利于保持高效钻进。

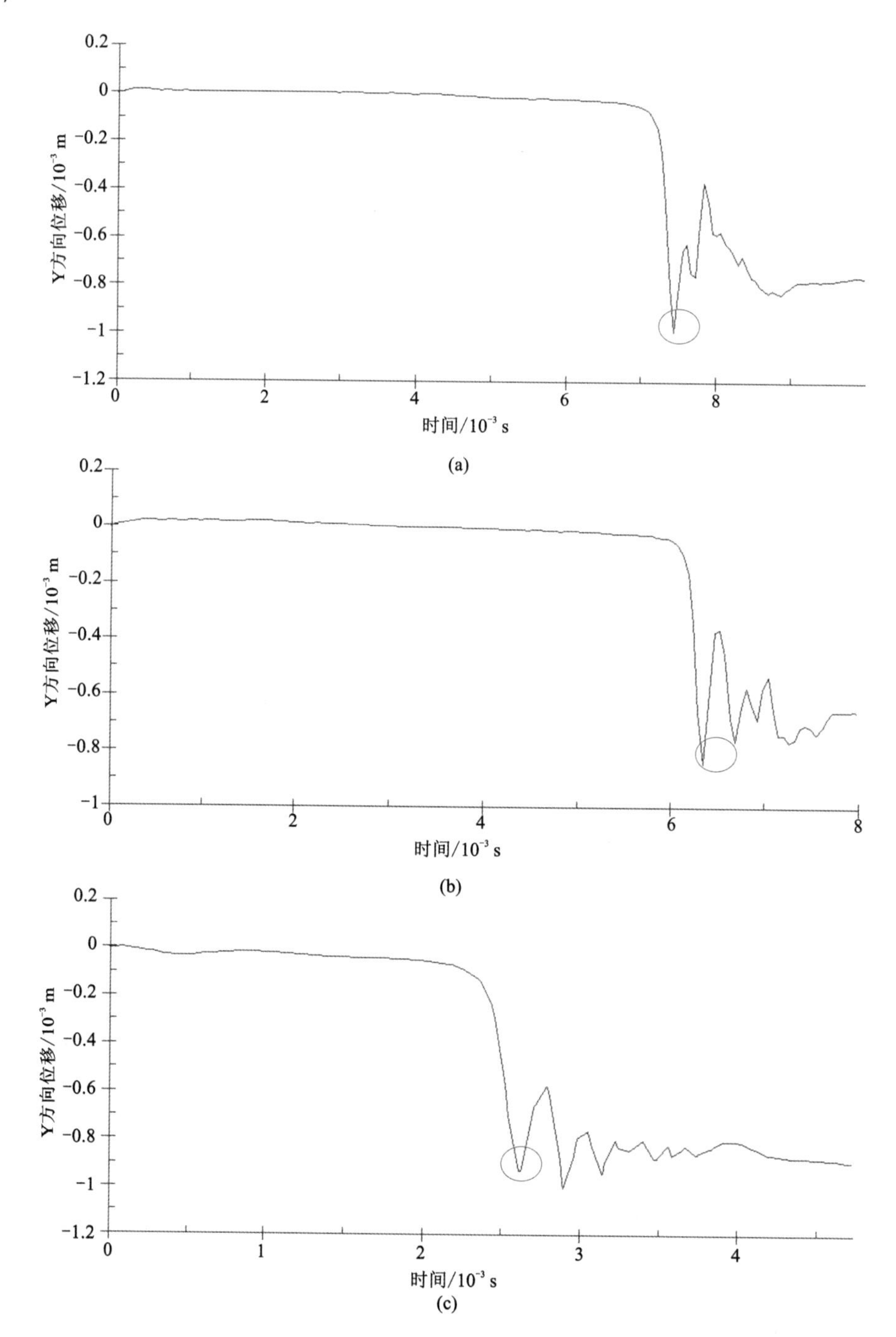

图 5-9 不同齿型钻头的 Y 方向位移时间历程曲线

(a)平底型钻头；(b)同心环齿型钻头；(c)花齿型钻头

Fig 5-9 Y direction load histories of different cutter structure: (a) flat bottom bit, (b) concentric-ring bit, (c) lattice teeth bit

由于受计算机本身运算性能的影响，本次模型计算的时间较短。平底型钻头的计算时间为0.01 s，同心环齿型钻头为0.008 s，花齿型钻头为0.004 s。在如此短的时间内，Y方向产生的位移是瞬时位移，不能完全等同于钻头的有效进尺，将Y方向位移值作为进尺快慢的对比标准既不符合现场实际也不科学。因此将沿Y方向首次出现大位移下降的时间点作为间接评判钻齿钻进效率的标准。即出现大位移下降的时间点越早，则越有利于钻进效率的提高。如图5-9所示，平底型钻头、同心环齿型钻头和花齿型钻头出现大位移下降的时间点，分别为：0.0007326 s、0.0006347 s和0.00025647 s。花齿型钻头的首次大位移下降时间点分别较平底钻头和同心环齿型钻头提前了0.00047613 s和0.00037823 s。因此，初步预测花齿型钻头钻进效率最高，同心环齿型钻头其次，平底型钻头最差。

通过分析同一时间步长内的岩石所受应力情况同样可以间接预测钻头的钻进效率。本文提出了一种基于图像处理技术的应力值分布范围对比方法。借助医学领域广泛使用的Image-Pro Plus(IPP)图像处理分析软件，可以准确测量出应力图中某一颜色所占面积，通过对比应力图中不同颜色面积的大小可以半定量出岩石表面不同应力值的分布范围和分布数量，能够有效预测岩石破碎趋势。该方法的优点在于：①通过直观的图像过滤显示方式能够定性分析应力值的分布趋势和范围，预测岩石表面的受力情况，为钻头齿型设计提供参考；②通过像素点的统计方式实现了不同应力值分布面积的半定量化，为进一步对比数据分析提供了数值依据。以上优点是目前LS-PREPROST后处理软件自带分析方法所不具备的，在钻头数值模拟分析中具有一定的推广性和实用性，在一定程度上弥补了现有分析手段的不足。

测量面积的具体方法为：在Image-Pro Plus 6.0中选择count and measure objects选项，单击select colors按钮进行取色，单击count按钮进行面积计算。在view菜单中的statistics选项查看计算结果，计算结果以像素点为单位，本次图片的参数均为：水平分辨率96 dpi，垂直分辨率96 dpi，位深度24。

图5-10～图5-12为不同齿型钻头在0.00017199 s时的岩石应力分布图。表2为应力面积像素点统计结果。图5-12为不同齿型钻头岩石表面不同应力值面积对比图。由图5-12可以看出：采用同心环齿钻头碎岩的岩石表面1.5e+08 Pa、1.05e+08 Pa、6.0e+07 Pa应力值分布面积分别较平底型钻头岩石表面提高了10%、23%、72%。花齿型钻头岩石表面应力值较平底型钻头分别提高了169%、41%和140%。较同心环齿型钻头分别提高了144%、14%和39%。由此可以得出结论：花齿型钻头岩石表面高应力值分布范围较平底型和同心环齿型钻头有了显著提高，利于岩石的体积破碎，能够提高钻进效率。但是，岩石表面应力过高同样也预示了钻头切削齿相应部位承受的应力过高，容易加速切削齿的磨损，钻进过程中产生断齿的风险几率增加。同心环齿型钻头相比于平底钻头，岩石表面应力值分布范围均有所增加，但是没有花齿型钻头明显，应力值增长平稳

且主要集中在6.0e+07 Pa数值左右。因此，预测同心环齿钻头的钻进效率高于平底钻头但低于花齿钻头。由于最大应力1.5e+08 Pa值增长比较平稳，预示着同心环齿型钻头在钻进过程中，磨损更加均匀。

表5-4　不同齿型所受应力面积像素表

Table 5-4　Stress area pixel statistics of different cutter structure

应力值 / 名称	1.5 e+08 Pa	1.05 e+08 Pa	6.0 e+07 Pa
平底型钻头	736	497	4258
同心环齿型钻头	811	616	7347
花齿型钻头	1986	705	10256

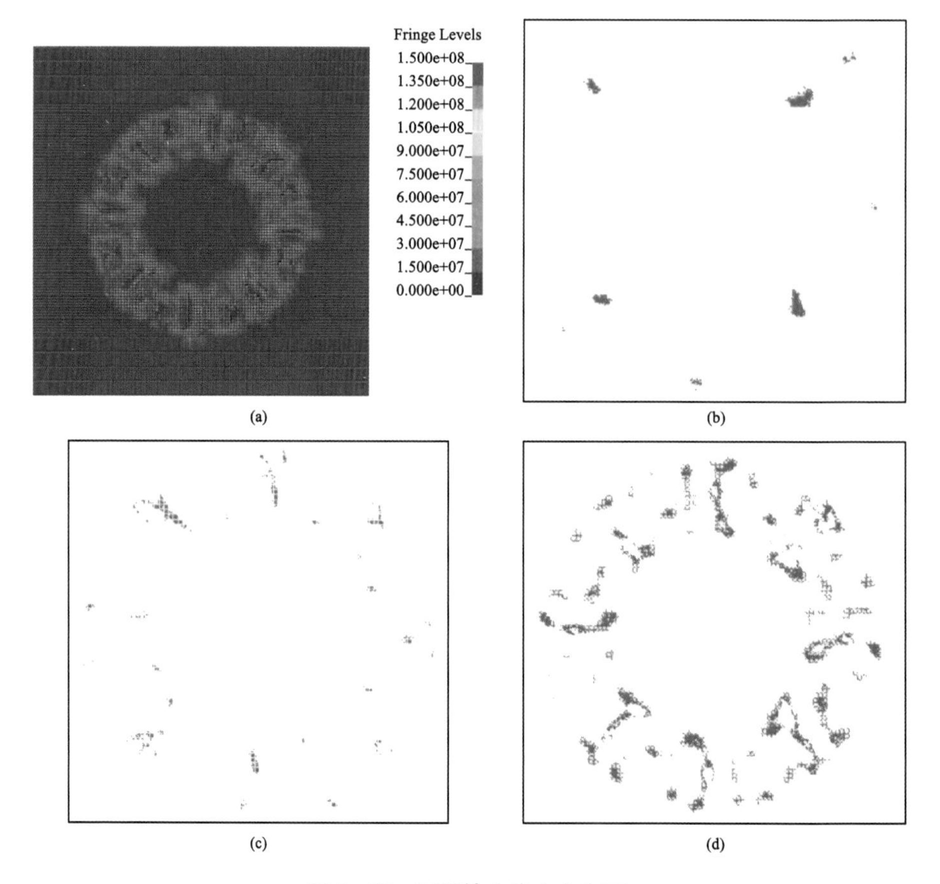

图5-10　平底钻头应力分布图

(a)岩石应力分布图；(b)1.5e+08应力分布面积；(c)1.05e+08应力分布面积；(d)6.0e+07应力分布面积

Fig 5-10　Stress distribution of flat bottom bit: (a) stress distribution of rock, (b) stress distribution area of 1.5e+08, (c) stress distribution area of 1.05e+08, (d) stress distribution Area of 6.0e+07

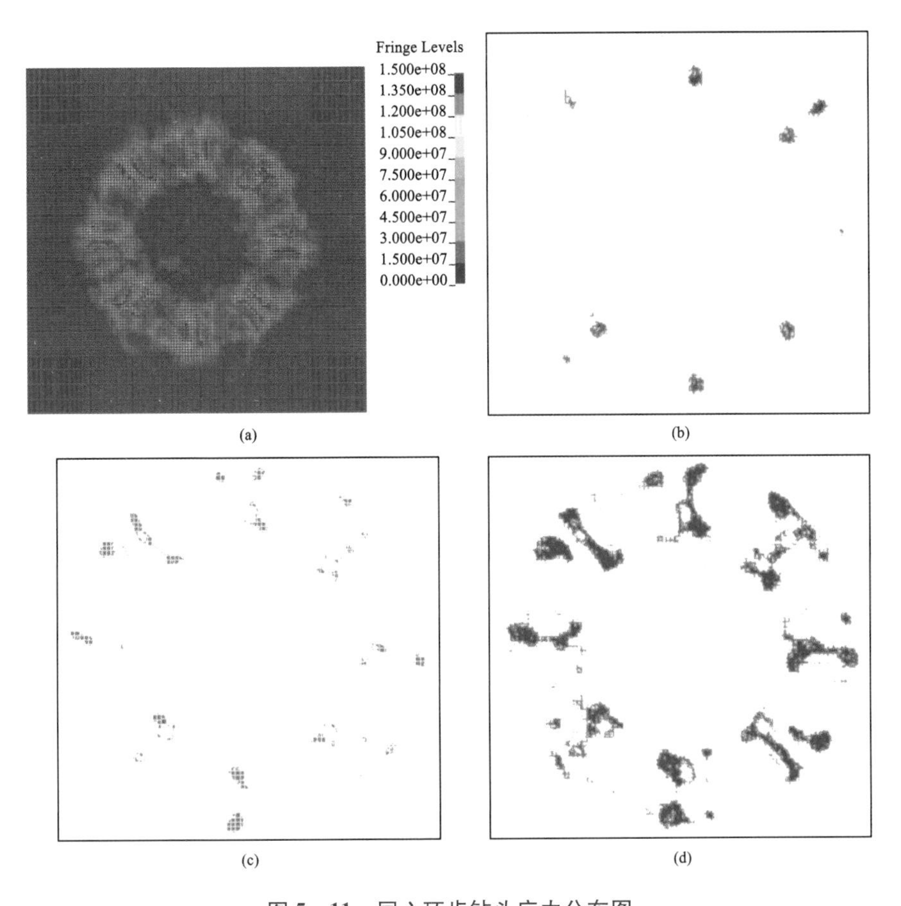

图 5－11　同心环齿钻头应力分布图

(a)岩石应力分布图；(b)1.5e＋08 应力分布面积；(c)1.05e＋08 应力分布面积；(d)6.0e＋07 应力分布面积

Fig 5－11　Stress distribution of concentric－ring bit：(a) stress distribution of rock，(b) stress distribution area of 1.5e＋08，(c) stress distribution area of 1.05e＋08，(d) stress distribution Area of 6.0e＋07

图 5－13 为三种不同齿型钻头破碎岩石的体积变化曲线。其每一时间步长岩石破碎体积的计算方式为：调用 LS－PREPOST 中 MISC 选项，选择 View modle info 选项，通过查看 solid elements deleted 选项，获取单位时间步长内岩石失效的单元个数。通过 elements tool 选项中的 measure 工具，测量岩石单元格的尺寸，本模型与钻头接触部分岩石单元格尺寸为 0.001 mm×0.001 mm×0.001 mm。由此计算出单位时间步长内总共失效的单元体积，即为岩石的破碎体积。如图 5－14 所示，花齿型钻头岩石的破碎体积和破碎趋势远高于同心环齿钻头和平底钻头，其次是同心环齿钻头的碎岩体积，平底钻头最差。验证了对三种不同齿型钻头钻进效率预测结果的正确性，即：花齿型钻进效率最高，同心环齿型钻头其次，平

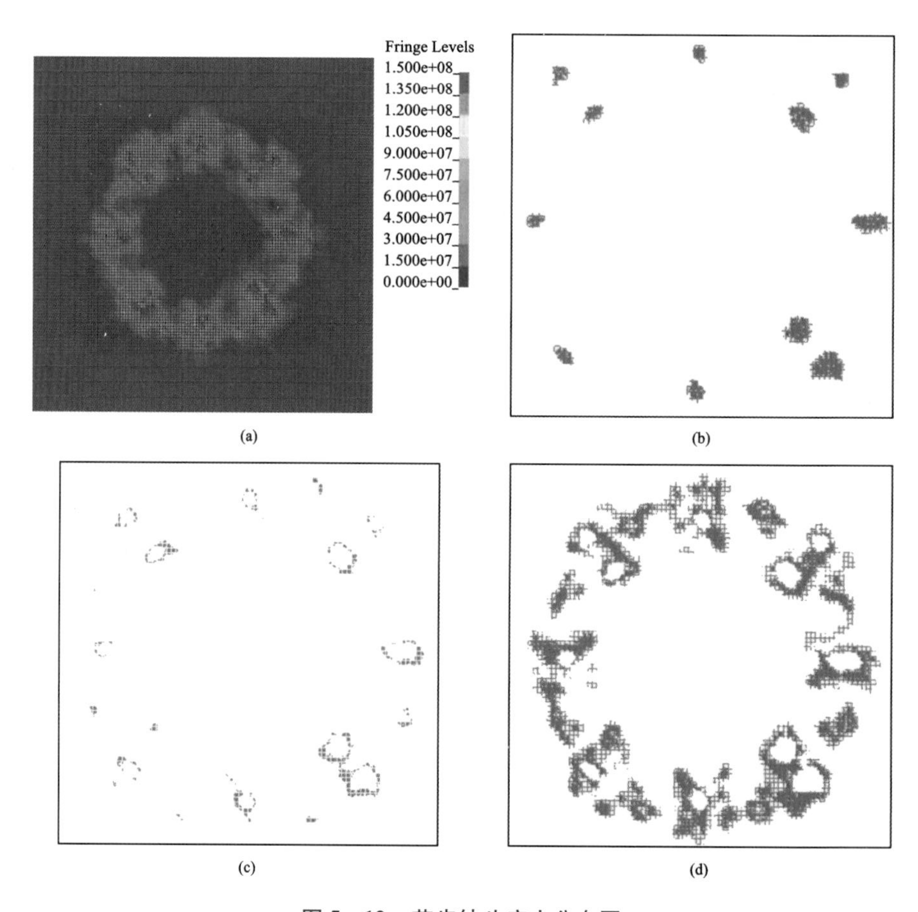

图 5-12　花齿钻头应力分布图

(a)岩石应力分布图；(b)1.5e+08 应力分布面积；(c)1.05e+08 应力分布面积；(d)6.0e+07 应力分布面积

Fig 5-12　Stress distribution of lattice teeth bit: (a) stress distribution of rock, (b) stress distribution area of 1.5e+08, (c) stress distribution area of 1.05e+08, (d) stress distribution area of 6.0e+07

底型钻头最慢。由于本次数值模拟工作受计算机运行能力的影响，计算时间较短，故本次模拟工作无法模拟钻头切削齿的磨损情况，因此无法预测不同齿型钻头的使用寿命。对切削齿型结构对钻头寿命的影响通过下一章节的现场试验进行重点研究。

5.6　本章小结

切削齿唇面设计是绳索取芯金刚石钻头设计的重要内容与环节。切削齿齿型设计优劣直接影响钻头在坚硬致密弱研磨性地层中的钻进稳定性及钻进效率。数

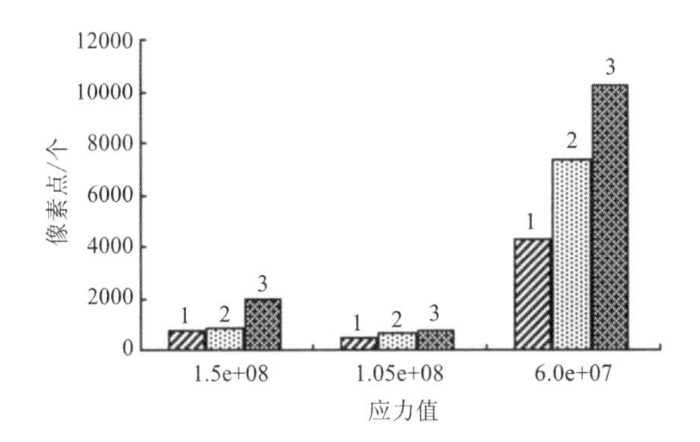

图 5 - 13　不同齿型钻头岩石应力分布图

1—平底型；2—同心环齿型；3—花齿型

Fig 5 - 13　Rock stress distribution of different bit

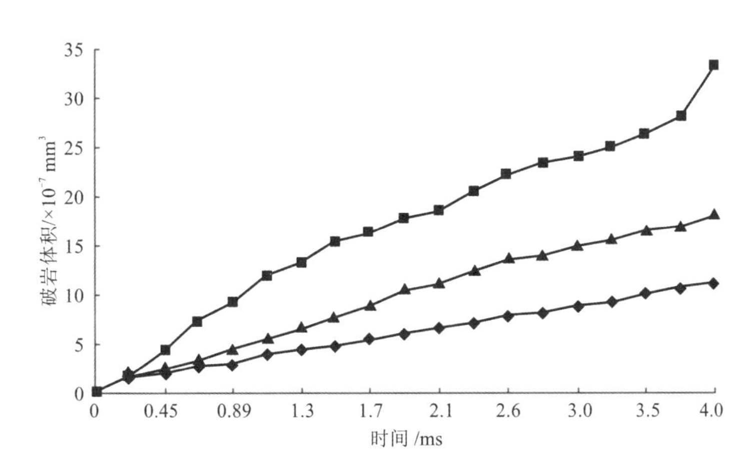

图 5 - 14　不同齿型钻头碎岩体积图

1—平底型；2—同心环齿型；3—花齿型

Fig 5 - 14　Crushed rock volume of different

值模拟作为钻头设计的一种辅助手段，大大缩短了钻头的设计周期，有效降低了钻头的设计成本。本章讨论了切削齿齿型设计的理论与方法，优选出了三种具有代表性的切削齿齿型。利用 ANSYS 14.0 中的 LS - DYNA 显示动力分析模块进行数值模拟分析。通过 LS - PREPOST 后处理器及 Image - Pro Plus(IPP)生物医学图型处理分析软件对计算结果进行分析。在相同钻进参数下，分析了各钻头的应力变化趋势，对比了各钻头的碎岩效率及岩石破碎体积。最后，提出了一种基于图像处理技术的应力值分布范围对比方法。通过图像识别技术，提取不同应力值的分布范围，统计不同应力值颜色的像素点总数，半定量出不同应力值的分布面积。通过本章的研究工作得出以下结论：

(1)在相同钻进参数条件下，平底型钻头和同心环齿型钻头在钻进初期沿旋转方向切削齿前缘的应力值较大，出现应力集中现象，花齿型钻头未出现明显的应力集中。在平稳钻进的过程中，切削齿唇面应力值分布范围花齿型最均匀，同心环齿型其次，平底型最差。所有的钻头齿型在钻进的后期均会不同程度出现内外径边缘靠近水口部位应力集中现象，且应力值较大，易导致钻头发生内外径部位变相磨损，造成钻头提前报废。此外，由于花齿型钻头胎体较窄，钻齿抗弯强度相比于其他齿型要低，在实际钻探作业中，若长时间保持应力集中易增加切削齿断裂的几率。

(2)提出了沿 Y 方向首次出现大位移下降的时间点作为间接评判钻齿钻进效率的标准。即出现大位移下降的时间点越早，则越有利于钻进效率的提高。通过对比得出花齿型钻头的首次大位移下降时间点分别较平底钻头和同心环齿型钻头提前了 0.00047613 s 和 0.00037823 s。初步预测花齿型钻头钻进效率最高，同心环齿型钻头其次，平底型钻头最差。

(3)提出了一种基于图像处理技术的应力值分布范围对比方法。通过图像识别技术，提取不同应力值的分布范围，统计不同应力值颜色的像素点总数，半定量出不同应力值的分布面积。通过对比在 0.00017199 s 时的岩石应力分布图中 1.5 e+08 Pa、1.05 e+08 Pa、6.0 e+07 Pa 应力值分布面积，可以发现同心环齿钻头较平底型钻头岩石表面应力分别提高了 10%、23%、72%。花齿型钻头岩石表面应力值较平底型钻头分别提高了 169%、41% 和 140%。较同心环齿型钻头分别提高了 144%、14% 和 39%。由此可以得出结论：花齿型钻头岩石表面高应力值分布范围较平底型和同心环齿型钻头有了显著提高，利于岩石的体积破碎，能够提高钻进效率。

(4)对比了不同齿型钻头岩石破碎的体积，花齿型钻头岩石的破碎体积和破碎趋势远高于同心环齿钻头和平底钻头。同心环齿钻头的碎岩体积其次，平底钻头最差。

第 6 章　现场钻进试验

本章以室内试验章节及数值模拟章节的优化方案为基础，综合考虑实际钻探的现场情况，试制了胎体耐磨性经弱化处理的金刚石钻头进行现场钻进试验。本章共进行了两次现场试验，第一次现场试验重点检验不同切削齿型结构的弱化胎体耐磨性钻头与常规金刚石钻头钻进性能的差异，借助扫描电镜对胎体形貌进行了分析，完善了弱化胎体耐磨性金刚石钻头的碎岩机理。第二次现场试验是在第一次试验结果的基础之上重点检验胎体弱化颗粒浓度对钻头性能的影响，借助扫描电镜对不同弱化颗粒浓度的金刚石钻头表面形貌进行观察并对试验结果进行了分析和讨论。

6.1　矿区简介

试验矿区位于江西省新余市附近，主要地层为：①石英岩，坚硬、致密、研磨性差，平均厚度 5 ~ 7 m。②透辉石矽卡岩，较完整、致密、研磨性差，平均厚度 25 m 左右。③二长花岗岩，较完整，夹有磁铁矿，弱研磨性，平均厚度 70 m 左右，不连续。钻探现场前期采用 HRC30 左右的孕镶金刚石钻头钻进，平均时效 1.8 m/h，平均寿命 100 m 左右。但是该矿区岩石结构变化较大，在钻进 500 m 以后，出现一层夹杂大量石英的岩石，钻进效率下降明显，出现打滑不进尺的现象。机台改用各钻头厂家标号 HRC 15 ~ 20 的钻头继续钻进，虽然钻进效率较之前有所提升，但是仍未有效解决钻进打滑问题，严重影响了施工周期。

经测定岩石的硬度为 400 ~ 550 kg/mm^2，研磨性为中等至较强，岩石的可钻性级别为 9 ~ 11 级，属于打滑地层。

6.2　钻头设计与制造

6.2.1　石墨模具结构设计

本次试验所用的石墨模具采用高强度、高纯度、高致密化的石墨，石墨性能如表 6 - 1 所示。

图 6－1　矿区岩芯图

Fig 6－1　Core sample of mining area

表 6－1　石墨模具性能表

Table 6－1　Performance of graphite mould

密度($g \cdot cm^{-3}$)	抗压强度/MPa	线膨胀系数/℃$^{-1}$	电阻率/($\mu\Omega \cdot cm$)	灰分
1.7	45	3.4×10	16	0.01

钻头的石墨模具装配图如图 6－2 所示。其中图 6－2(a)为花齿型钻头模具装配，其由底模、花齿成型模具及模芯组成。图 6－2(b)为同心环齿型钻头模具装配图，其由底模、同心环齿成型模具、水口块及芯模组成。

底模内径 D_i 按下式计算：

$$D_i = D - \Delta D_1 + \Delta D_2 \tag{6-1}$$

式中：D—钻头胎体外径，mm；

D_i—钻头外模内径，mm；

ΔD_1—底模内径膨胀值，mm；

$$\Delta D_1 = D_i \times \alpha_1 \times (t - t_0) \tag{6-2}$$

式中：α_1—石墨线膨胀系数，℃$^{-1}$；

t—烧结温度，℃；

t_0—室温，℃；

$$\Delta D_2 = (D - \Delta D_1) \times \alpha_2 \times (t - t_0) \tag{6-3}$$

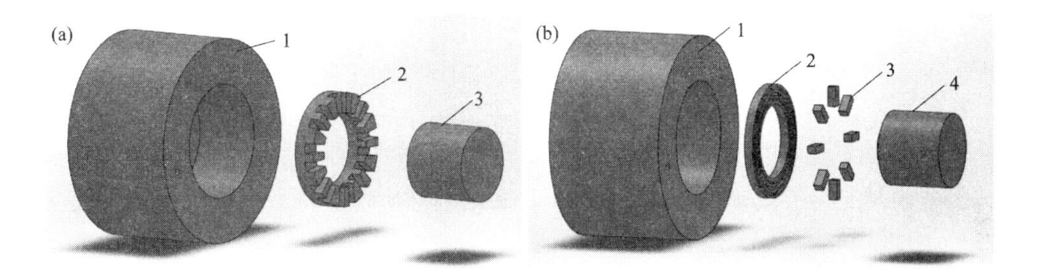

图6-2 石墨模具组装图

(a)花齿钻头模具装配：1—底模；2—花齿成型模具；3—芯模

(b)同心环齿钻头模具装配：1—底模；2—同心环成型模具；3—水口块；4—芯模

Fig 6-2 Assembly drawing of graphite dies：(a) mold assembly of lattice teeth bit，(b) mold assembly of concentric ring bit

式中：α_2—胎体材料线收缩系数，℃$^{-1}$，近似取线膨胀系数，$\alpha_2 = 6.5 \sim 7 \times 10^{-6}$℃$^{-1}$。

将式(6-2)及式(6-3)代入式(6-1)得：

$$D_i = \frac{D[1 + \alpha_2(t - t_2)]}{1 + \alpha_1(t - t_0) - \alpha_1\alpha_2(t - t_0)^2} \tag{6-4}$$

底模外径 D_0 可按下面的经验公式计算：

$$D_0 = \alpha \times D_i \tag{6-5}$$

式中：α—经验系数；通常取值1.5。

底模内孔深度 H 的计算深度为：

$$H = Khm + h_1 \tag{6-6}$$

式中：h_1—钢体进入底模内孔的深度，$h_1 = 1/3\mathrm{L}$；

L—钢体长度，mm；

K—粉末压缩比，$K = \rho_{\mathrm{m}}/\rho_{\mathrm{p}}$；

ρ_{m}—胎体粉料密度；

ρ_{p}—松装密度；

底模总高度 H_0 为：

$$H_0 = H + 25 \tag{6-7}$$

芯模外径 d_0 可按下式计算：

$$d_0 = d - \Delta d_1 + \Delta d_2 \tag{6-8}$$

式中：d_0—所设计的模芯外径，mm；

d—所设计的钻头内径，mm；

Δd_1—烧结温度下心模外径的膨胀值，mm；

Δd_2—胎体内径收缩值，mm。

经整理得出：

$$d_0 = \frac{d[1+\alpha_2(t-t_2)]}{1+\alpha_1(t-t_0)-\alpha_1\alpha_2(t-t_0)^2} \tag{6-9}$$

本次试验设计的金刚石钻头模具尺寸图如图 6-3 所示。图 6-3(a)为石墨模具底模及芯模的设计尺寸，图 6-3(b)为同心环齿型及花齿型切削齿的成型模具的设计尺寸。

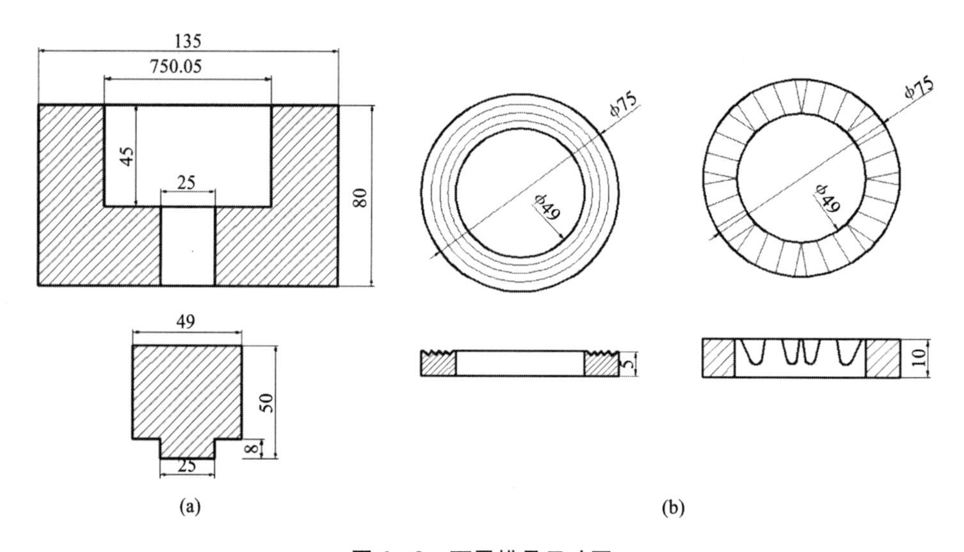

图 6-3　石墨模具尺寸图

(a)外模及模芯尺寸图；(b)成型石墨环尺寸图

Fig 6-3　Graphite mold size：(a) external mold size，(b) graphite ring size

6.2.2　钻头钢体结构设计

钢体外径 D_s与底模内径 D_i之间应有一定的间隙，以防止烧结过程中钢体受热膨胀导致石墨外模破裂，钢体外径 D_s与底模内径 D_i的配合应满足以下条件：

$$D_s \leqslant \frac{D_i[1+\alpha_1(t-t_0)]}{1+a_s(t-t_0)} \tag{6-10}$$

式中：α_s—钢体线膨胀系数，45 号钢的系数取 14×10^{-6}℃$^{-1}$

钢体内径 d_s等于模芯外径 d_0，为方便装模，钢体内径取正公差。钻头钢体采用 45 号无缝钢管加工而成，加工粗糙度为 12.5。钻头钢体加工尺寸图如图 6-4 所示。

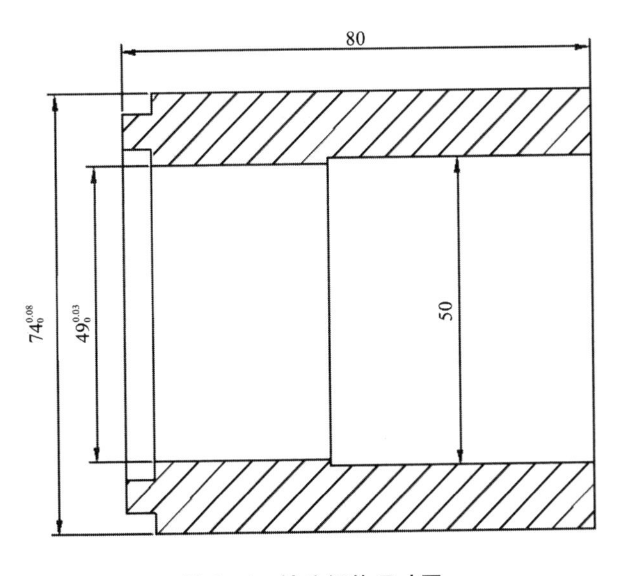

图6-4　钻头钢体尺寸图

Fig 6-4　Bit body drawing

6.2.3　钻头热压工艺参数设计

热压烧结工艺主要包括烧结压力、烧结温度、升温速度、保温时间及卸炉时间。烧结压力是加速胎体致密化及合金化的必要条件[116]。胎体的硬度及耐磨性均随烧结压力的提高而提高，但是仅靠压力来提高胎体硬度和耐磨性其效果均有局限性，当压力达到一定程度后，其提升效果将不再明显。烧结温度是保证胎体合金化的关键因素，烧结温度设置过高则低熔点金属易发生流失，影响钻头胎体性能；烧结温度过低则胎体的力学性能达不到使用要求，影响钻头质量。升温速度、保温时间及卸炉时间是保证胎体力学性能的重要条件，三者相互影响，相互制约且存在一个最优的配合[117]。

(1)混料工艺

胎体材料通常由多种金属粉末组合而成，各金属粉末的物理力学指标参数均不相同，若混料时间过短则易造成胎体成分不均匀影响钻头批量生产的稳定性。因此，应采用适当的设备对胎体粉料进行充分混合。金属粉料的混合常采用球磨混料法。球磨混料法的优点在于在混合均匀胎体粉料的同时能够对胎体粉料起到一定的破碎细化作用。球磨混料的效果主要取决于滚筒内硬质合金球和胎体粉料的运动状态，通过调整混料机的转速和球磨筒中心线与旋转轴之间的夹角可以有效提高混料均匀性[118]。球磨时间应根据混料的种类和数量进行设定。但是，混料时间并非越长越好，过长的混料时间易导致混料硬化或改变了原有的粉料粒度，通常单批次混料时间以4～8 h为宜。本次设计采用的是H2D－6型三维摇滚式混料机，如图6－5(a)所示。球磨筒可以在空间内做多维运动，能保证混料均匀。单批混料数量为4 kg，混料时间为4 h。钻头制作材料如图6－5(b)所示。

图6－5　混料工艺图

(a)三维混料机；(b)钻头制作材料：1—胎体粉料；2—胎体弱化颗粒；3—金刚石颗粒

Fig 6－5　Mixing process：(a) three dimensions mixer，(b) manufactured material of bit

按设计配方要求称取胎体粉料，按胎体粉末质量总量的1%～2%称取润湿剂，润湿剂可选用甘油、石蜡、机油、酒精等，其作用是使金刚石磨料及胎体弱化颗粒和胎体粉末之间混合均匀，不因两者之间的密度不同产生偏析和浮选，钻头工作层粉料混制的步骤为：

第一步：将称量好的胎体粉末倒入料筒，扒平后用钢勺在粉料中间压出一凹坑；

第二步：将金刚石倒入凹坑中，把润湿剂倒在金刚石磨粒表面，使金刚石全部湿润，用钢勺反复搅拌直至粉料均匀；

第三步：重复第一步及第二步混制含有胎体弱化颗粒的粉料；

第四步：将分别混制完毕的含有金刚石的粉料及含有胎体弱化颗粒的粉料，置于同一混料容器中，用钢勺反复搅拌直至粉料均匀。

(2)烧结压力

金刚石钻头烧结过程中的加压过程通常分为预压阶段和全压阶段，通常预压力约为全压的1/4。在烧结过程中对钻头施加预压力具有以下优点：①烧结过程中压力机本身常伴随振动，对粉料具有一定程度的分选作用，施加预压力有利于增加金属粉末间的流动阻力，阻止处于熔融状态的金属粉料出现偏析和流失；

②Fe基胎体在中频加热的过程中，由于涡流作用扰乱了胎体成分的原有分布状态，胎体中的金刚石也会随之向外径方向迁移，出现外径部分金刚石富集，内径部位金刚石较少，钻进过程中易出现内径部分偏磨导致钻头提前报废。施加一定的预压力能够有效阻止上述现象的发生几率，对保证钻头批量稳定性具有积极意义[119]。全压力的确定需综合考虑胎体粉料成分、烧结温度、保温时间等因素的影响。适当提高烧结压力有利于提高胎体的致密性，胎体硬度及耐磨性均有所提升，有利于提高钻头的使用寿命；但是过高的烧结压力易导致石墨模具开裂报废及消耗压力机功率。本次设计采用的是20 t单臂油压机，如图6－6(b)所示，烧结过程中的全压力值的表头读数为5.5 MPa。

图6－6 钻头烧制过程

(a)KGBS－B节能型可控硅中频炉；(b)热压烧结

Fig 6－6 Sintering process of bit：(a) KGBS－B medium－frequency induction sintering furnace，(b) hot presing

(3)温度参数

烧结过程中的温度参数通常包括烧结温度、升温速度及保温时间。金刚石钻头的烧结属于多元系固相烧结，其烧结温度低于骨架材料的熔点温度。此时黏结金属仍处于塑性或半熔融状态，因此应给予一定的保温时间使金属粉末处于塑性流动状态，提高胎体的致密化程度[120]。设计烧结温度和升温速度时应综合考虑胎体中的骨架材料含量及黏结金属含量等因素的影响。通常骨架材料含量与烧结温度成正比，骨架材料含量越高则烧结温度应相应提高；在烧结过程中，为了降低钻头内外温差促进收缩均匀，升温速度不宜过快[121]。因为较快的升温速度易造成钻头受热不均匀，出现温差。靠近钻头外侧的粉料升温过快提前烧结，形成致密层，使内部气体难以排出，阻碍粉料收缩与致密化程度。较慢的升温速度有利于胎体内氧化物的充分还原。保温时间同样是影响钻头烧结质量的重要因素。由于中频炉的升温速度要高于电阻炉，因此中频炉烧结钻头时保温时间应适当延长。本次设计方案的钻头针对坚硬致密弱研磨性地层，采用 WC 基胎体且胎体硬度较低故设定烧结温度为980℃，保温时间为 5 min，在不同的升温阶段采用不同的升温速度，800℃ 之前采用 75 ~ 95℃/min 的升温速度，800℃ 之后采用 100℃/min的升温速度。本次试验采用的设备为 KGBS – B 节能型可控硅中频炉。如图 6 – 6(a)所示。

6.3 钻进试验结果与分析

6.3.1 第一次现场钻进试验

本次试验综合考虑切削齿齿型结构对钻头钻进性能的影响，重点对比不同切削齿型的弱化胎体耐磨性钻头与常规金刚石钻头使用效果的差异。本次试验共试验了 4 只钻头，钻头性能参数如表 6 – 2 所示。试验钻头均为地标绳索取芯系列，钻头尺寸均为 ϕ77/49，水口数为 8 个。

表 6 – 2 钻头设计参数表

Table 6 – 2 Parameter table of bit design

编号	金刚石粒度 /μm	金刚石浓度 /%	胎体硬度 HRC	弱化颗粒浓度 /%	水口数 /个	切削齿型结构
1	355 ~ 450	75	20	–	8	普通平底
2	355 ~ 450	75	20	–	8	同心环齿
3	355 ~ 450	65	20	25	8	同心环齿
4	355 ~ 450	65	20	25	8	花齿型

钻进参数如下：采用 XY – 4 型钻机，BW250 型泥浆泵。试验钻压为 9 ~ 13 kN；转速为 750 ~ 850 r/min；泵量为 34 L/min。钻头实物及钻进现场如图 6 – 7 所示。

图6-7　现场试验

(a)钻探现场；(b)现场试验的金刚石钻头

Fig 6-7　Field experiment：(a) drilling field，(b) field experiment bit

6.3.2　试验结果

试验结果如表6-3所示。从表6-3可看出：4种钻头的参数设计方案均与该地层岩性特征适合，体现出其本来的寿命和机械钻速；胎体耐磨性经弱化处理的钻头的平均寿命较普通钻头有所降低；切削齿齿型结构对钻头钻速的影响较明显，2号钻头为普通同心环齿型钻头，其钻进效率较普通平底型1号钻头提高了25%，采用同心环齿型及花齿型切削齿结构的3号及4号弱化胎体耐磨性钻头，分别较1号钻头钻速提高了68%及117%。值得一提的是，若胎体耐磨性经弱化处理的钻头的切削齿型过于复杂，则钻头的使用寿命下降明显，4号钻头切削齿采用的是花齿型设计结构，其使用寿命较1号钻头下降了25%，综合使用性能不是本次试验的最优设计方案。从本次试验得出以下结论：胎体耐磨性经弱化处理的钻头的切削齿型结构不易设计过于复杂，同心环齿型结构设计较为合适；3号钻头的设计方案为本次试验的最佳设计方案。

表6-3　验结果表

Table 6-3　Experiment result

钻头编号	累计进尺/m	回次数	平均钻速/($m \cdot h^{-1}$)
1	40.4	16	0.51
2	35.5	12	0.64
3	37.2	15	0.86
4	30.3	10	1.08

6.3.3 弱化胎体耐磨性钻头的碎岩机理

弱化胎体耐磨性金刚石钻头的碎岩机理是以普通孕镶金刚石钻头碎岩机理为基础，在荷载、胎体表面形态、胎体的磨粒磨损等方面对碎岩机理进行了新的补充。

6.3.3.1 胎体显微分析

采用 SIRION200 场发射扫描电镜及 GENSIS60 能谱仪对胎体表面进行表面形貌观察和微区成分分析。图 6－8 所示为 3 号胎体耐磨损性弱化孕镶金刚石钻头的胎体磨损形貌，图(b)为图(a)圆形框区域金刚石放大照片，图(c)为白色矩形框区域胎体放大照片。由图(a)可知，胎体存在宽且深的犁沟，具有明显的磨粒磨损特征，金刚石出刃高度良好；胎体中存在尺寸约为650 μm 的大颗粒，与添加的 SiC 颗粒粒度相当，颗粒形状不规则，结合扫描电镜能谱分析，判断该颗粒为 SiC 颗粒；金刚石颗粒与 SiC 颗粒分布较均匀，未出现相互黏结现象；由图(b)和图(c)可知，胎体表面存在剥落和粘着现象，对粘着物进行能谱分析可知，主要含有 Si、Ca、K、O 元素，确定为岩屑，证明胎体发生了黏着磨损；金刚石和胎体结合紧密，棱角处发生解离断裂；由图(d)可知，SiC 颗粒与胎体界面有较大缝隙，与胎体把持力较弱，出刃高度较低且无明显棱角。

6.3.3.2 弱化胎体耐磨性钻头的高效碎岩定性分析

(1)钻头底唇面上金刚石的压力

胎体耐磨性经弱化处理的金刚石钻头在钻进过程中，胎体弱化颗粒易于从胎体中脱落，增加了胎体表面的粗糙度，使得钻头唇面与岩石的接触面积减小，增大了底唇面的比压。钻头比压的增加会产生两方面影响：一方面，增大了岩石破碎穴的直径，有利于岩石破碎穴周围微裂纹的纵向扩展，使金刚石颗粒切入岩石的深度有所增加；另一方面，提高了钻头的自锐性能，有利于提高胎体中金刚石的新陈代谢速度。此外，胎体表面粗糙度的增加有利于存储冲洗液，提高金刚石颗粒的冷却效果，降低其热损耗，增加单颗粒金刚石的工作时间[122－123]。这些都对钻进效率的提高产生了积极的作用。

以往的钻进试验结果也证明：减少唇面与岩石的接触面积能有效提高钻进效率，故钻头唇面常设计成径向同心环齿型、锯齿型等齿型结构。但钻进一段时间后，该齿型结构磨平，唇面与岩石接触面积增大，钻进比压下降，钻进效率降低。由于胎体耐磨损性弱化孕镶金刚石钻头胎体中含有胎体耐磨损性弱化颗粒，胎体耐磨损性弱化颗粒随胎体的磨损不断脱落，在胎体表面非光滑形态磨损后继续产生非光滑形态，故其钻进效率比普通钻头高。

(2)弱化颗粒的存在提高了钻头对岩石的摩擦阻力

孕镶金刚石钻头在坚硬致密弱研磨性地层钻进时，孔底产生的岩粉少且细，

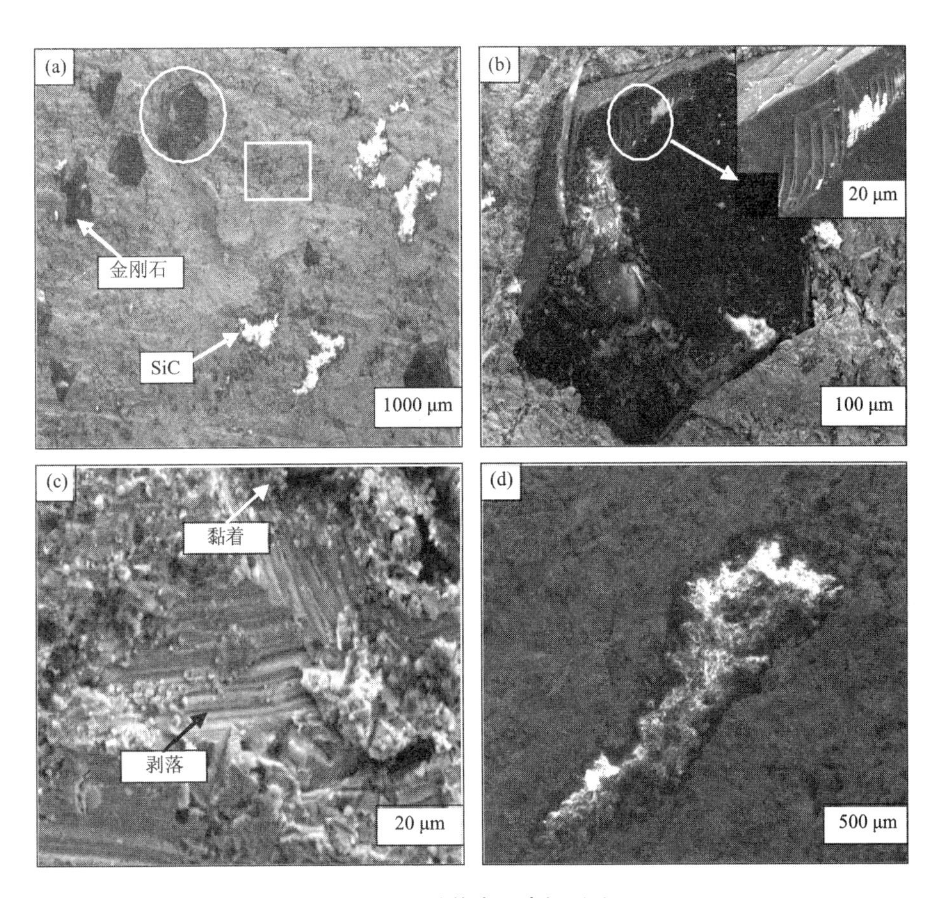

图 6-8　胎体表面磨损形貌

Fig 6-8　Morphology of worn surface

在回转钻进时钻头唇面对岩石的摩擦系数低，作用于钻头唇面上的摩擦力小，胎体不易磨损，金刚石颗粒易磨平，胎体中金刚石新陈代谢速度降低。胎体耐磨损性弱化孕镶金刚石钻头中的胎体弱化颗粒与胎体包镶力较弱，易于从胎体表面脱落。残留于孔底的胎体弱化颗粒本身还具有研磨胎体的作用，增加了胎体唇面的粗糙度。脱落的胎体弱化颗粒不会即时随冲洗液冲离孔底，而是与岩粉一起挤夹在钻头唇面间隙中，以滚动和滑动方式凿削胎体，提高了孔底岩粉对胎体的研磨能力，增加了钻头与岩石的摩擦阻力，提高了胎体中金刚石的新陈代谢速度。

6.3.3.3　弱化胎体耐磨性钻头的碎岩机理定量计算

胎体耐磨性经弱化处理的金刚石钻头在坚硬致密弱研磨性地层高效钻进与钻头唇面与孔底岩石摩擦力的提高有直接关系。从摩擦机理出发，总的摩擦力由剪切力和凿削力两部分组成[124]。当硬颗粒，如脱落的胎体弱化颗粒、岩粉、脱落的金刚石，对胎体表面进行高应力碰撞，使胎体表面形成犁沟，产生凿削式磨料磨损[125]。为求得磨料磨损的数学表达式，把磨粒看作一个顶角为 2θ 的锥体，当荷载 P_N 作用在锥体上时，它刺入胎体表面，深度为 d，锥体在材料表面处的直径为 $2r$。锥体移动 $\mathrm{d}L$ 距离排出的体积为 $\mathrm{d}W$。如图 2 所示：

$$\mathrm{d}W = r \cdot d \cdot \mathrm{d}L = r^2 \cdot \cot\theta \cdot \mathrm{d}L \tag{6-10}$$

单位滑动距离的磨损量为：

$$\frac{\mathrm{d}W}{\mathrm{d}L} = r^2 \cdot \cot\theta \tag{6-11}$$

假设材料在法向荷载作用下发生了屈服，此时锥体支撑荷载为：

$$p = \pi r^2 \sigma_s / 2 \tag{6-12}$$

其中：σ_s 为胎体材料的屈服点

如果 n 个小锥体相接触，则此时

$$P_N = n \cdot P = n \cdot \pi \cdot r^2 \cdot \sigma_s \cdot 1/2 \tag{6-13}$$

在单位滑动距离内排出的总体积为 Q

$$Q = n \cdot r^2 \cdot \cot\theta \tag{6-14}$$

将式(6－13)代入式(6－14)并整理得：

$$Q = \frac{2P_N \cdot \cot\theta}{\pi \cdot \sigma_s} \tag{6-15}$$

从式(6－15)可以看出：磨料磨损的磨损量与法向荷载和 $\cot\theta$ 值成正比，与胎体材料的硬度成反比。对于胎体耐磨损性弱化孕镶金刚石钻头，胎体表面的粗糙度较高，有利于加深磨粒刺入胎体表面的深度 d，提高磨料磨损的 $\cot\theta$ 值，故其胎体磨损量加剧，钻头唇面与孔底岩石摩擦力提高。

根据摩擦学原理可知，钻头唇面上金刚石的单位压力并不与轴载成正比。当金刚石颗粒与岩石接触时，其实际接触面积与轴向荷载成正比。假设钻头唇面由等高出露的金刚石构成，每颗出露的金刚石在其接近球形的顶点处具有近似的曲率半径 R，则可以证明其总接触面积是随施加轴向荷载的 2/3 次方变化的，即：

$$A = KF^{\frac{2}{3}} \tag{6-16}$$

假设钻头底唇表面上有个别出露的金刚石超出某一基准平面高度 h，处于 h 和 $(h + \mathrm{d}h)$ 之间，数学上称这种分布为高斯分布或标准正态分布，其概率密度为：

$$\Phi(h) = \frac{1}{2\pi}\exp\left(-\frac{1}{2}h^2\right) = \frac{1}{2\pi}\mathrm{e}^{-\frac{h2}{2}} \tag{6-17}$$

假设钻头底唇面出露的金刚石满足这种分布，且每颗出露的金刚石具有平均半径为 R 的球形顶部，则可证明其实际接触面积与轴向荷载成正比，即：

$$A = K_1 F \tag{6-18}$$

式中：K、K_1 为常数；A 为接触面积；F 为轴向荷载；h 为金刚石平均出刃高度；

$\Phi(h)\,\mathrm{d}h$为唇面中个别金刚石出露高度处于 h 和$(h+\mathrm{d}h)$之间的概率。

综上所述，提高单颗粒金刚石破碎岩石的压力，需采取的合理措施是减小钻头底唇面积，当施加荷载一定时，金刚石上所承受的压力 P 将随着钻头底唇面积 A 的减小而增大，即：

$$P=\frac{W}{A} \tag{6-19}$$

对于胎体耐磨性经弱化处理的金刚石钻头，由于胎体表面凹坑型非光滑形态的存在，降低了底唇面积，故有利于提高作用于单颗粒金刚石上的压力。

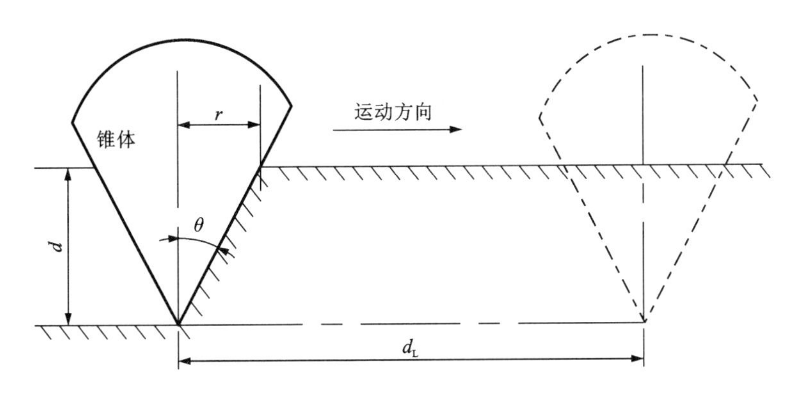

图6－9 由锥形压头引起的磨料磨损

Fig 6－9 Abrasive wear caused by indenter

6.3.4 第二次现场试验

本次试验在第一次试验的基础之上考察胎体弱化颗粒浓度对钻头钻进性能的影响，重点对比不同胎体弱化颗粒浓度的钻头与常规金刚石钻头使用效果的差异。本次试验采用了4只钻头，钻头性能参数如表6－4所示。试验钻头均为地标绳索取芯系列，钻头尺寸均为 ϕ77/49 mm，水口数为8个，钻头切削齿型设计均选用同心环齿型。试验钻进参数与第一次试验钻进参数均相同。

表 6-4　钻头设计参数表

Table 6-4　Parameter tables of bit design

编号	金刚石粒度 /μm	金刚石浓度 /%	胎体硬度 (HRC)	弱化颗粒浓度 /%	水口数 /个	切削齿型结构
1	355~450	70	20	—	8	同心环齿
2	355~450	67	20	15	8	同心环齿
3	355~450	62	20	25	8	同心环齿
4	355~450	53	20	35	8	同心环齿

6.3.5　试验结果

钻头试验结果如表 6-5 所示，钻头钻进效率和使用寿命如图 6-10 所示。由表 6-5 可以看出添加了胎体弱化颗粒的钻头的平均钻速较常规设计的 1 号钻头均有所提高，其中 2 号钻头提高了 8%，3 号钻头提高了 64%，4 号钻头提高了 102%。钻头的使用寿命随胎体弱化颗粒浓度的增大呈下降趋势，其中 4 号钻头寿命下降最明显，较常规设计的 1 号钻头下降了 37%，严重影响了钻头的综合使用性能。从试验结果中同样可以发现，相比于室内试验阶段优选出的最佳胎体弱化颗粒浓度设计方案，现场钻进试验时的最佳胎体弱化颗粒浓度设计较室内试验阶段的弱化颗粒浓度设计有所下降，这是因为现场钻进工况条件较室内钻进试验复杂，钻具及钻机本身产生的振动和偏摆以及冲洗液对钻头胎体的冲蚀作用共同影响金刚石钻头的出刃效果。因此，相比于室内试验，现场试验中金刚石钻头相对较容易自锐，故适当降低胎体弱化颗粒浓度可以达到同样的预期效果。

表 6-5　试验结果表

Table 6-5　Experiment result

钻头编号	累计进尺 /m	回次数	平均钻速/($m \cdot h^{-1}$)
1	45.4	17	0.56
2	43.5	14	0.61
3	39.2	13	0.92
4	28.4	10	1.13

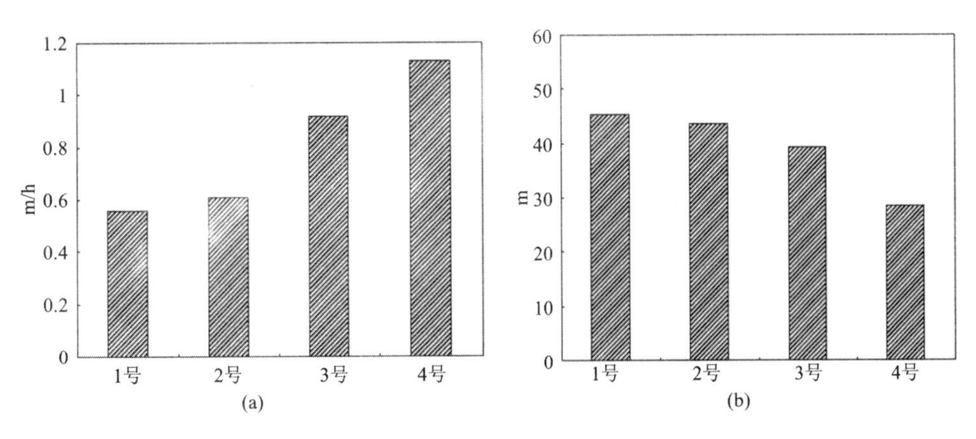

图6-10　试验钻头钻速及使用寿命图

(a)平均钻速；(b)使用寿命

Fig 6-10　Drilling efficiency and service life of experiment bit: (a) average drilling speed, (b) service life

6.3.6　分析与讨论

采用EPMA-1720电子探针及GENSIS60能谱仪对胎体表面进行形貌观察和微区成分分析。

图6-11所示为钻头的胎体磨损形貌，其中图(a)为1号钻头胎体形貌图，图(b)为图(a)圆形框区域金刚石放大照片。由图(a)可以看出金刚石在胎体中分布较均匀，未出现偏聚现象。但是，金刚石磨粒出刃高度较低且胎体表面无明显的磨粒磨损特征。这是由于所钻地层产生的岩粉少且研磨能力弱，导致胎体的磨损速度下降，金刚石不易出刃。由图(b)可以看出金刚石发生了解离断裂且出现剥层破坏，但金刚石仍无法脱落，严重影响了钻进效率。

图(c)为2号钻头胎体形貌图，图(d)为图(c)方形框区域胎体放大照片。由图(c)可以看出胎体中存在尺寸约为400 μm的大颗粒，颗粒形状不规则，结合能谱分析，判断该颗粒为SiC颗粒。与1号钻头相比，2号钻头胎体有较明显磨粒磨损特征，存在较浅的横向犁沟。这是由于SiC颗粒易于从胎体表面脱落，增加了胎体的粗糙度，此外脱落的SiC颗粒与孔底岩粉共同研磨胎体，增加了岩粉的研磨能力，导致胎体磨损量较1号钻头有所增加。但是，金刚石出刃高度仍不理想，这是由于胎体弱化颗粒浓度设计过低，孔底岩粉的研磨能力仍无法满足金刚石正常新陈代谢要求所致。由图(d)可以看出，胎体表面存在剥落和粘着的现象，对黏着物进行能谱分析可知，主要含有Si、Ca、K元素，确定为岩屑，证明胎体发生了黏着磨损。

图(e)所示为3号钻头的胎体形貌。图(f)为图(e)方形框区域胎体放大照片。由图(e)可以看出3号钻头金刚石与胎体结合紧密且出刃高度良好，金刚石磨粒周围形成了明显的流沙现象，磨粒的各类磨损状态保持在一定的比例，说明金刚石新陈代谢速度与胎体磨损速度具有较好的匹配性。与2号钻头相比，3号钻头胎体表面发生了典型的磨粒磨损特征。由图(f)可以看出磨粒前端及侧面的犁沟深度较深，有利于残留孔底大颗粒岩屑，提高岩粉的研磨能力。经能谱分析，发现有大颗粒白色磨屑刻入胎体表面。胎体和孔底间隙增大，一方面，有利于金刚石磨粒的充分冷却，提高了单颗粒金刚石的利用率；另一方面，减小了唇面与岩石的接触面积，增大了底唇面的比压，导致岩石破碎穴的直径增加，有利于破碎穴周围微裂纹的纵向扩展，使金刚石切入岩石的深度增加，提高碎岩效率[126-127]。因此，3号钻头取得了较高的钻进效率和较理想的使用寿命，证明3号钻头的胎体弱化颗粒浓度在本设计中最为合理。

图(g)和图(h)所示为4号钻头的胎体形貌。由图(g)可以看出胎体表面存在较多脱落坑，深度甚至超过金刚石磨粒直径的2/3；未脱落的SiC颗粒与胎体存在明显的间隙，包镶强度小且SiC颗粒与金刚石颗粒间距过近。由图(h)可以看出胎体中金刚石颗粒发生了互粘的现象。这是因为胎体弱化颗粒浓度设计过高。SiC颗粒浓度过高，一方面，增加了金刚石与SiC颗粒互粘的几率，导致金刚石提前从胎体中脱落，形成较深的脱落坑，降低了单颗粒金刚石的使用率；另一方面，脱落的SiC颗粒不会即时随冲洗液冲离孔底，而是与岩粉一起研磨胎体，导致胎体中的金刚石更容易提前脱落失效，降低了钻头的使用寿命。4号钻头以牺牲寿命为代价，虽然取得了最高的钻进效率，但其综合性能指数并非最高。

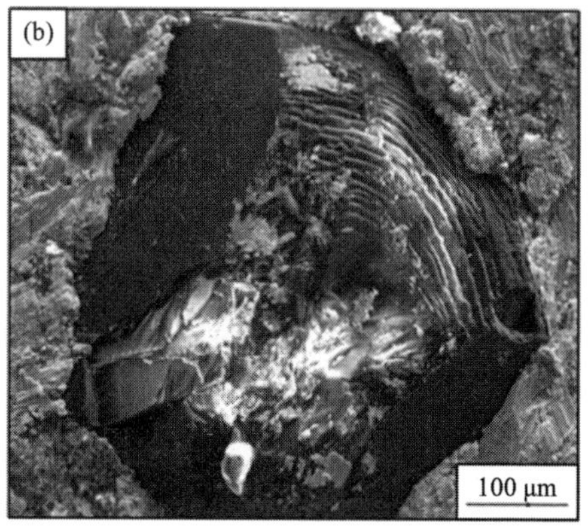

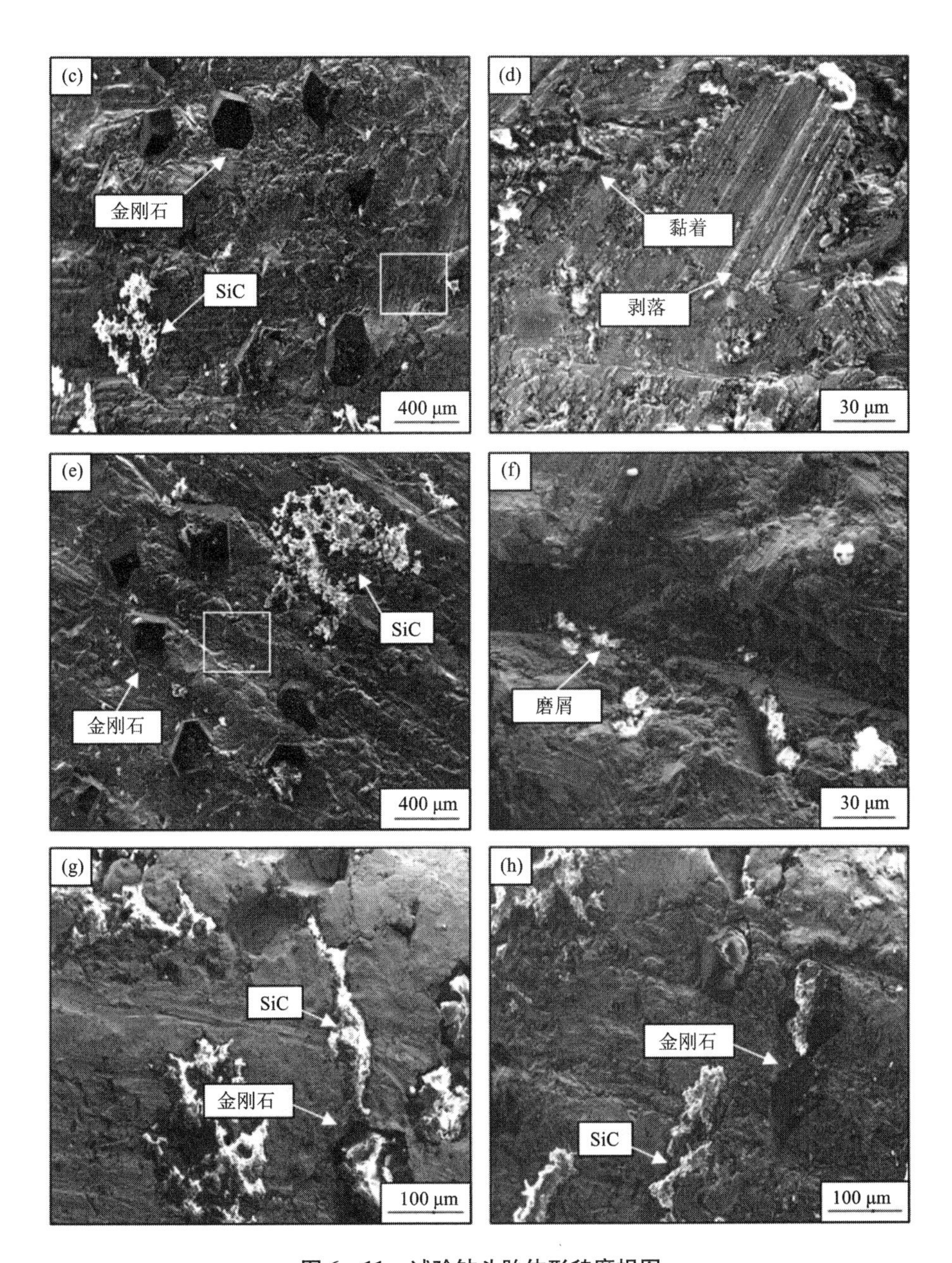

图6-11　试验钻头胎体形貌磨损图

Fig 6-11　Wear appearance of experiment bit

从图6-11(c)、(e)、(g)中可以发现，弱化颗粒在钻进的过程中出刃高度较低且以片状解离和脆性断裂为主，受弱化颗粒材质本身性质的影响，发生大体积脱落的现象不明显。因此，在弱化颗粒浓度较低的设计方案中，钻头的钻速提升效果不明显。因为单纯依靠胎体弱化颗粒脆性断裂及层状解理脱落的残屑研磨胎体及弱化颗粒自身在胎体中的造坑能力是有限的。随着弱化颗粒浓度的增加，弱化颗粒在胎体中与金刚石颗粒发生了一定程度的互粘。根据传统的设计理论，弱化颗粒与金刚石颗粒发生互粘和堆叠是一种不利于钻头性能提升的因素，应尽可能地避免该现象的发生。然而通过本专著一系列的试验观察，认为弱化颗粒与金刚石颗粒发生适当程度的互粘对钻头钻进效率的提升是有益的。

这是因为弱化颗粒与金刚石发生互粘通常分为两种形式，如图 6－12 所示。若弱化颗粒与金刚石颗粒发生互粘且弱化颗粒位于金刚石颗粒的前方，如图 6－12(a)及图 6－13(a)所示，则由于弱化颗粒易脆性断裂和层状剥落的特性，在钻进过程中能够有效提高与其互粘的单颗粒金刚石的出刃高度，促使金刚石自锐。若胎体弱化颗粒与金刚石颗粒发生互粘，且位于金刚石颗粒的后方，如图 6－12(b)及图 6－13(b)所示。则由于弱化颗粒本身的性质，金刚石的背部支撑不牢，且在工作过程中易受到弱化颗粒脱落时的拖拽作用，单颗粒金刚石提前脱落的几率增大，提前脱落的金刚石研磨能力强，残留孔底配合岩粉及脱落的弱化颗粒残屑能够有效提升岩粉的研磨能力，研磨钻头胎体提高胎体中金刚石的新陈代谢速度，提升钻头的钻进效率。因此，推测胎体耐磨性经弱化处理的钻头其钻进效率的提升主要是以弱化颗粒能够促进金刚石出刃高度增加及加快金刚石新陈代谢速度为主，以弱化颗粒本身在胎体中的造坑能力及残留孔底增加岩粉研磨能力为辅。但是，弱化颗粒浓度过高则对钻头的使用性能起到了副作用，胎体中弱化颗粒与金刚石颗粒互粘的几率过高则易导致由于单颗粒金刚石利用率低而造成钻头的使命寿命下降。因此，将胎体耐磨损性弱化理念和高胎体钻头生产制作工艺相结合是弥补钻头使用寿命不足的重要手段。

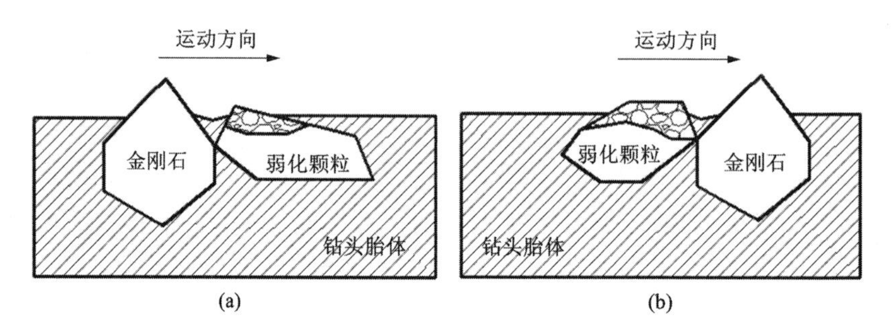

图 6－12　弱化颗粒与金刚石分布模型图

(a)弱化颗粒位于金刚石前方；(b)弱化颗粒位于金刚石后方

Fig 6－12　Distributed model of diamond and matrix weaken grits: (a) matrix weaken grits at the front of diamond, (b) matrix weaken grits at the behind of diamond

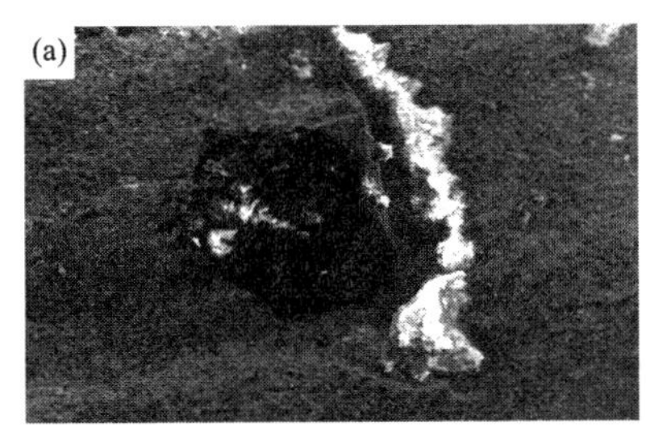
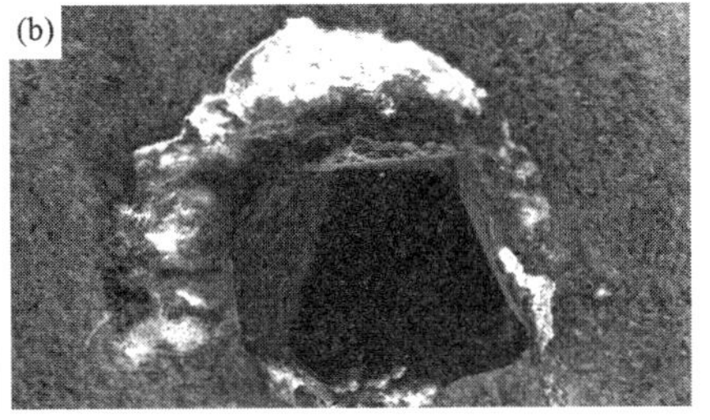

图6-13 弱化颗粒与金刚石互粘图

(a)弱化颗粒位于金刚石前方;(b)弱化颗粒位于金刚石后方

Fig 6-13 Matrix weaken grits contact with diamond: (a) matrix weaken grits at the front of diamond, (b) matrix weaken grits at the behind of diamond

6.4 本章小结

本章试制了弱化胎体耐磨性的金刚石钻头进行现场试验,分析了胎体耐磨性经弱化处理的金刚石钻头的碎岩机理,对钻头胎体形貌进行了扫描电镜分析,得出以下结论:

(1)在胎体中添加适当浓度的胎体弱化颗粒,保证钻头寿命的前提下可提高钻头在坚硬致密弱研磨性地层的钻进时效。与常规金刚石钻头齿型结构设计相比,添加了胎体弱化颗粒的钻头其齿型结构不易设计过于复杂,导致使用寿命下降显著,以同心环齿型设计为宜。

(2)胎体耐磨损性弱化颗粒的存在增加了钻头胎体唇面的粗糙度,脱落的胎体弱化颗粒与岩粉一起挤夹在钻头唇面间隙中,以滚动和滑动方式凿削胎体,提高了孔底岩粉对胎体的研磨能力,增加了钻头与岩石的摩擦阻力,提高了胎体中金刚石的新陈代谢速度;胎体弱化颗粒易于从胎体表面脱落,使其表面形成凹坑型非光滑形态,弱化了胎体耐磨损性能,减少了钻头唇面与孔底岩石面之间的接触面积,提高了钻头唇面对岩石的单位面积压力;改善了金刚石颗粒的冷却效果,降低了金刚石颗粒的热损耗。

(3)胎体弱化颗粒浓度设计存在一个最佳范围,设计过高或过低均不利于提高钻头的钻进效率和保持钻头的使用寿命。相比于室内钻进试验阶段优化得出的最优设计方案,现场钻进试验的胎体弱化颗粒浓度最优设计值要低于室内钻进试验阶段的设计值,以金刚石浓度62%,胎体弱化颗粒浓度25%为宜。这是因为现场钻进工况条件较室内钻进试验复杂,钻具及钻机本身产生的振动和偏摆以及冲洗液对钻头胎体的冲蚀作用共同影响金刚石钻头的出刃效果。因此,相比室内试验，现场试验中金刚石钻头相对较容易出刃，故适当降低胎体弱化颗粒浓度同样可以达到预期效果。

（4）胎体耐磨损性弱化钻头钻进效率的提升主要是以弱化颗粒能够促进金刚石出刃高度增加及加快金刚石新陈代谢速度为主，以弱化颗粒本身在胎体中的造坑能力及残留孔底增加岩粉研磨能力为辅。

第 7 章　研究结论与建议

7.1　研究结论

本书针对常规孕镶金刚石钻头在坚硬致密弱研磨性地层钻进效率低、钻进成本高的难题，借鉴现有设计方案的思路启发，将胎体耐磨性弱化元素以硬质颗粒的形式添加至钻头胎体中，进行了胎体耐磨性经弱化处理的金刚石钻头的试验研究及碎岩机理分析。利用混合试验和极端顶点试验法优化设计 WC 基胎体配方。利用室内微钻试验法及电子探针等分析设备，研究了不同材质的弱化颗粒对钻进性能的影响。利用正交试验法及室内微钻试验法，研究了金刚石粒度、金刚石浓度、弱化颗粒浓度及胎体硬度对钻进效率的影响。利用室内微钻试验法，研究探讨了主轴转速及钻压对钻进效率的影响。利用 LS – DYNA 有限元模拟软件分析了钻头切削齿结构对钻进性能的影响。结合现场试验的结果对弱化胎体耐磨性钻头的碎岩机理进行了补充，进一步优化了弱化胎体耐磨性钻头的设计方案。得出以下结论：

(1)通过基础理论分析得出：采用压入硬度、单轴抗压强度及研磨性指标能够比较集中地反映岩层的主要物理力学特性和可钻性指标。岩石三种特性综合出现，是导致金刚石钻头钻进打滑的前提条件，若去除其中一个，特别是大压入硬度或弱研磨性，则金刚石钻头打滑现象将不复存在。常规金刚石钻头出现钻进打滑现象，其主要原因有以下几个方面：①岩石结构致密且研磨性弱，钻头胎体不易磨损导致金刚石无法正常出刃；②金刚石参数设计不合理；③胎体耐磨性参数设计不合理；④钻进规程选择不当。对于坚硬致密弱研磨性岩层钻进的金刚石钻头，其金刚石参数应采用高品级、细粒度、低浓度的设计方案，金刚石粒度以 40/50 目和 50/60 目混镶使用为宜且金刚石浓度不得高于 75%。切削齿的齿型结构能够影响钻头在坚硬致密弱研磨性岩层的钻进效率，应以提高唇面比压及保持钻进稳定性为指导方针合理设计切削齿的齿型结构。

(2)采用混合试验和极端顶点试验法对钻头胎体配方进行优化，当含 WC50%，Ni12%，Co7%，Mn5%，663Cu 26% 时，胎体配方硬度达到最高值，预报值为 HRC 42.91。对其进行优化验证性试验，所测硬度为 HRC 42.3，与预报值基本吻合，证明了极端顶点试验法及回归求解具有较高可靠性。对胎体弱化颗粒材质进行了优选，相比于棕刚玉颗粒及硬质合金钢丸，SiC 颗粒更宜作为胎体耐磨损性弱化颗粒。综合考虑金刚石粒度、浓度，胎体弱化颗粒浓度及胎体硬度设计正交试验对钻头性能进行优化。其最优方案为：胎体硬度 HRC 25、金刚石粒度 40/50 目、金刚石浓度 55%、胎体弱化颗粒浓度 30%。对钻进工艺参数对钻进性能的影响进行研究，结果表明：在相同主轴转速条件下，随着轴向力的增加，单孔钻进时间减少，钻进效率提高，但是其轴向压力不宜超过 3.5 MPa。在相同轴向压力的条件下，主轴转速的提高，能够在一定范围内提高钻进效率，其主轴转速以 750 ~ 850 r/min 为宜。

(3)基于有限元分析软件 ANSYS/LS - DYNA，建立了孕镶金刚石钻头的三维有限元模型，研究了钻头切削齿结构对钻进性能的影响。结果表明：在相同钻进参数条件下，平底型钻头和同心环齿型钻头在钻进初期沿旋转方向切削齿前缘的应力值较大，出现应力集中现象，花齿型钻头未出现明显的应力集中；平稳钻进过程中，切削齿唇面应力值分布范围花齿型最均匀，同心环齿型其次，平底型最差；所有齿型钻头在钻进的后期均会不同程度出现内外径边缘靠近水口部位应力集中现象且应力值较大，易导致钻头发生内外径部位变相磨损，造成钻头提前报废；通过对比得出花齿型钻头的首次大位移下降时间点分别较平底钻头和同心环齿型钻头提前了 0.00047613 s 和 0.00037823 s；通过对比在 0.00017199 s 时的岩石应力分布图中 1.5×10^8 Pa、1.05×10^8 Pa、6.0×10^7 Pa 应力值分布面积，发现同心环齿钻头较平底型钻头岩石表面应力分别提高了 10%、23%、72%，花齿型钻头岩石表面应力值较平底型钻头分别提高了 169%、41% 和 140%，较同心环齿型钻头分别提高了 144%、14% 和 39%；对比不同齿型钻头单位时间内岩石的破碎体积，发现花齿型钻头岩石的破碎体积及破碎趋势远高于同心环齿型及平底型钻头。

(4)通过现场试验表明：与常规金刚石钻头齿型结构设计相比，添加了胎体弱化颗粒的钻头其齿型结构不宜设计过于复杂，以同心环齿型结构设计为宜；相比于室内钻进试验阶段优化得出的最优设计方案，现场钻进试验的胎体弱化颗粒浓度最优设计值要低于室内钻进试验阶段的设计值，以金刚石浓度 62%，胎体弱化颗粒浓度 25% 为宜；胎体耐磨性经弱化处理的钻头其钻进效率的提升主要是以弱化颗粒能够促进金刚石出刃高度增加及加快金刚石新陈代谢速度为主，以弱化颗粒本身在胎体中的造坑能力及残留孔底增加岩粉研磨能力为辅。

7.2 进一步研究建议

本书针对在坚硬致密弱研磨性地层使用的弱化胎体耐磨性金刚石钻头展开研究并取得了一些成果，但仍有一些问题值得进一步深入研究，主要包括以下几个方面的内容：

（1）弱化颗粒在切削齿中的分布方式对钻进性能的影响值得进一步系统展开研究和讨论。借鉴分层装料的思路，可以将钻头的切削齿胎体设计成含有胎体弱化颗粒层和含有金刚石层两种形式；借鉴仿生钻头及 DH 型金刚石钻头的设计思路，可以将含有胎体弱化颗粒的胎体部分先冷压成圆柱型结构，再将含有胎体弱化颗粒的圆柱置于钻头的胎体中；借鉴聚合粗颗粒金刚石钻头的设计思路，可以将胎体弱化颗粒通过钎焊方式聚合成粗颗粒形式，再以粗颗粒形式添加至钻头胎体中。

（2）不同打滑程度的地层对应的胎体弱化颗粒浓度和粒度及分布方式应有所不同，需进一步完善"地层 – 胎体弱化颗粒浓度 – 胎体弱化颗粒粒度 – 胎体弱化颗粒分布方式"相统一的设计体系。

（3）弱化胎体耐磨性的钻头应借鉴参考高胎体钻头设计理念，利用冷压成型与热压烧结相结合的制作工艺，适当提高钻头工作层的高度，以期延长钻头的使用寿命，弥补目前钻头使用寿命较常规钻头有所下降的不足。

（4）金刚石钻头的真实工作条件复杂多变，如何综合考虑温度场、流体场、压力场等因素对钻头性能的影响，建立多耦合数值模拟条件模型，更加真实地反应实际工况，进一步提高数值模拟结果的准确性和可参考性是下一阶段数值模拟工作改进的重点。

参考文献

[1] 徐绍史. 找矿突破战略行动纲要[R]. 北京：中国国土资源部，2012.

[2] 朱江龙，刘跃进，等. 我国深孔钻探装备的发展与展望[J]. 地质装备，2013，15(7)：9-14.

[3] 朱恒银，蔡正水，等. 深部钻探技术方法的研究与应用[J]. 地质装备，2013，14(6)：26-31.

[4] 许刘万，王艳丽，等. 我国钻探技术与装备开发引进应用新格局[J]. 地质装备，2013，14(5)：11-14.

[5] 赵尔信，蔡家品，等. 浅谈国内外金刚石钻头的发展趋势——高效、低耗[J]. 探矿工程(岩土钻掘工程)，2010，37(10)：70-73.

[6] 孙秀梅，刘建福. "坚硬打滑"地层孕镶金刚石钻头设计与选用[J]. 探矿工程(岩土钻掘工程)，2009，24(8)：75-78.

[7] 叶兰肃，南青民，等. 坚硬致密岩层用绳索取芯钻头的研制与应用[J]. 探矿工程(岩土钻掘工程)，2009，24(12)：65-68.

[8] 陈启武. 中国超硬材料工业五十年[M]. 郑洲：河南科学技术出版社，2013：123-124.

[9] 吕智，刘志环，等. 深部找矿金刚石钻进工具发展趋势[J]. 第七届金刚石相关材料及应用学术会议论文集，2013：28-30.

[10] 袁公昱. 人造金刚石合成与金刚石工具制造[M]. 长沙：中南工业大学出版社，1992：45-46.

[11] 刘广志. 金刚石钻探手册[M]. 北京：地质出版社，1991：55-56.

[12] 胡郁乐，张绍和. 钻探事故预防与处理知识问答[M]. 长沙：中南大学出版社 2010：34-35.

[13] 长春地质学院. 金刚石钻进技术[M]. 北京：地质出版社，1977：45-46.

[14] 侯传彬，郭铁峰，等. 对我国金刚石钻头胎体经典配方的理论优化和建议[J]. 探矿工程(岩土钻掘工程)，2006，32(8)：58-59.

[15] 刘志环. 深孔钻头新工艺条件下的配方设计初步研究[C]. 第六届郑州国际超硬材料及制品研讨会论文集，2013：242-245.

[16] A. Nouveau etal. Cobalt Power Used for Diamond Tools [C]. 6th Zhengzhou International Superhard Materials and Related Products Conference Proceedings，2013：128-130.

[17] 邹德永. 适合弱研磨性硬地层的孕镶金刚石钻头胎体材料：中国 101403067A[P]. 2009-04-08.

[18] 戴秋莲. 混合稀土和 TiH2 对金刚石工具用铁基胎体性能的影响[J]. 中国工程机械学报，2004，2(3)：285-289.

[19] 孙毓超. 稀土元素在金刚石工具中应用研究的新进展[J]. 金刚石与磨料磨具工程，2003，

12(2): 1-4.

[20] 杨凯华. 稀土在热压人造金刚石工具中的应用研究[J]. 地质科技情报, 2001, 20(3): 110-112.

[21] 潘秉锁, 方小红, 杨凯华. 自润滑孕镶金刚石钻头胎体材料初步研究[J]. 探矿工程(岩土钻掘工程). 2009, 36(1): 76-78.

[22] 宋月清, 甘长炎. 金刚石工具胎体性能的弱化问题研究[J]. 人工晶体学报. 1998, 27(4): 368-372.

[23] Zak-Szwed M. Damage mechanism of Cu-Fe alloy composite friction material under impact load[J]. Machinery Manufacturing Engineer, 2004 (2): 16-18.

[24] 杨洋, 潘秉锁, 等. 热压高磷铁基金刚石钻头及其制备: 中国, 101144370A[P]. 2008-03-19.

[25] 黄垒, 方小红, 杨凯华. 铁基金刚石钻头胎体配方的混料试验设计研究[J]. 金刚石与磨具磨料工程. 2010, 23(4): 62-66.

[26] 方小红, 段隆臣. 新型热压 WC-Fe 基金刚石钻头胎体性能研究[J]. 煤田地质与勘察. 2013, 41(3): 84-86.

[27] 董洪峰. 新型金属基金刚石复合材料工磨具的试制和性能研究[D]. 兰州: 兰州理工大学, 2013.

[28] Luciano Jose de Oliveira, Guerold Sergueevitch Bobrovnitchii. Processing and characterization of impregnated diamond cutting tools using a ferrous metal matrix[J]. International Journal of Refractory Metals & Hard Materials, 2007, 25(2): 328-335.

[29] 罗锡裕. 胎体特性及预合金粉[C]. 第六届郑州国际超硬材料及制品研讨会论文集, 2013: 332-335.

[30] Zak-Szwed M, P. Muro, J. M. Sanchez, et al. Consolidation of diamond tools using Cu-Co-Fe based alloys as metallic binders. Powder metallurgy[J], 2001, 44(1): 82-90.

[31] R. R. Thorat, P. K. Brahmankar, and T. R. R. Mohan. Consolidation behavior of Cu-Co-Fe Pre-alloyed Powders[J]. International Symposium of Research Students on Materials Science and Engineering, 2004, 22: 1-6.

[32] 董书山. 金属预合金粉末与单质粉末在应用中的配伍特点研究[J]. 超硬材料工程. 2013, 25(1): 6-11.

[33] 郑日升, 宋冬冬. 添加组分对 LFP 全预合金粉末性能的影响[J]. 超硬材料工程. 2012, 24(5): 30-34.

[34] 高科, 徐小健, 谢晓波, 等. 纳米镍粉对孕镶金刚石切削工具胎体性能的影响[J]. 探矿工程(岩土钻掘工程). 2014, 41(8): 81-84.

[35] 董书山. 金属预合金粉末的组合应用特点及发展趋势[C]. 第六届郑州国际超硬材料及制品研讨会论文集, 2013: 324-326.

[36] 蒋青光, 张绍和. 新型优质孕镶金刚石钻头研制[J]. 金刚石与磨具磨料工程. 2008, 31(6): 12-16.

[37] 杨俊德, 陈章文. 新型高时效金刚石钻头试验研究[J]. 超硬材料工程. 2007, 19(1):

26 - 28.

[38] Huadong Ding. Design of a non - homogeneous diamond bit matrix[J]. Journal of Materials Processing Technology. 1998, 84(2): 159 - 161.

[39] Songcheng Tan, xiaohong Fang. A new composite impregnated diamond bit for extra - hard, compact, and nonabrasive rock formation[J]. International Journal of Refractory Metals and Hard Materials. 2014, 43(3): 186 - 192.

[40] 杨展. 新型金刚石钻头研究[M]. 武汉: 中国地质大学出版社, 2012: 35 - 40.

[41] 刘青, 杨凯华, 等. 金刚石钻头研究的点滴认识与实践[C]. 第六届郑州国际超硬材料及制品研讨会论文集, 2013: 287 - 290.

[42] 李子章. 金刚石定位排布的热压孕镶钻头研究[D]. 成都: 成都理工大学, 2010.

[43] 马银龙. 金刚石定位仿生取芯钻头研究[D]. 长春: 吉林大学, 2013.

[44] 章文娇, 段隆臣. 孕镶金刚石钻头中有序排列参数的确定[J]. 超硬材料工程. 2010, 22(5): 21 - 25.

[45] 程文耿, 候家祥. 金刚石地质钻头制造工艺新技术的应用与发展[J]. 超硬材料工程. 2012, 24(3): 5 - 9.

[46] RIX. A revolution in the diamond tool industry[J]. The Korea Post News and Business. 2005, 17(3): 125 - 127.

[47] 孙友宏, 高科, 张丽君, 等. 耦合仿生孕镶金刚石钻头高效耐磨机理[J]. 吉林大学学报(地球科学版). 2012, 34(3): 220 - 225.

[48] Sun Rongjun, Wang chuanliu. Development of Multi - stage High Matrix Diamond Coring Bit[C]. 2014 International (China) Geological Engineering Drilling Technology Conference. 2014: 34 - 36.

[49] 王传留, 孙友宏, 高科. 金刚石钻头可再生水口的试验[J]. 吉林大学学报(地球科学版). 2010, 40(3): 694 - 698.

[50] Jia Meiling, Cai Jiapin, Ouyang Zhiyong. Design & Application of Diamond Bit to Drilling Hard Rock in Deep Borehole[C]. 2014 International (China) Geological Engineering Drilling Technology Conference. 2014: 134 - 142.

[51] 贾美玲, 赵尔信. 大陆科学钻探用新型镶嵌式钻头的研究[J]. 探矿工程(岩土钻掘工程), 2003, 26(4): 289 - 292.

[52] 鲁凡. 孕镶金刚石钻头性能变化规律及机理[J]. 超硬材料与工程. 2000, 14(3): 14 - 17.

[53] 张绍和, 邵全军. 钻头金刚石浓度设计的定量计算方法[J]. 地质与勘察. 2000, 36(5): 79 - 80.

[54] 杨俊德. 金刚石钻头和金刚石锯片磨损机理、设计及性能测试研究[D]. 长沙: 中南大学, 2004.

[55] 杨凯华, 张绍和. 主辅磨料双切削作用金刚石钻头研究[J]. 地质与勘探. 2001, 37(5): 88 - 91.

[56] 罗爱云, 段隆臣. 打滑地层新型孕镶金刚石钻头[J]. 地质科技情报. 2007, 26(1): 109 - 112.

[57] 张绍和，鲁凡. 弱包镶强耐磨性胎体钻头[J]. 探矿工程. 1997，12(2)：35 -38.

[58] Breval，Agrawal. Development of titanium coatings on particulate diamond[J]. Diamond and related materials，2000，(8)：21 -25.

[59] MacMillin BE，Roll CD，Funkenbusch P. Erosion and surface structure devel - opment of metal - diamond particulate composites[J]. Wear 2010，269：875 -883.

[60] 刘雄飞. 镀膜对金刚石与结合剂之间结合性能的研究[J]. 中国有色金属学报，2001，3：445 -448.

[61] 黄炳南. 金刚石表面金属化界面结构的特征研究[J]. 湖南冶金. 1997，21(3)：7 -10.

[62] 曹学功. 镍 - 金刚石复合镀层耐磨性能研究[J]. 华侨大学学报，2000，12(4)：141 -143.

[63] 王传留. 孕镶金刚石仿生结构耐磨性能的研究[D]. 长春：吉林大学，2011.

[64] 赵正军. 煤岩冲击破碎过程的力学行为分析[D]. 太原：太原理工大学，2005.

[65] 杨春雷. 钻头齿圈复合运动破岩系统仿真研究[D]. 成都：西南石油大学，2006.

[66] 黄志平. 动态载荷作用下岩石颗粒破裂过程的数值模拟[J]. 沈阳建筑大学学报，2006，22(1)：91 -95.

[67] Drew Mark Butler，et al. Process of drill bit manufacture [P]：2008/0314203A1，2008，12.

[68] 刘碧湘，刘青. 全自动智能烧结机系统在金刚石钻头制造中的应用[J]. 沈阳建筑大学学报，2012，24(2)：27 -29.

[69] 陈启武. 中国超硬材料工业五十年[M]. 郑洲：河南科学技术出版社. 2013：197 -199.

[70] 李俊萍，胡立. 热压钻头烧结过程温度场分布研究[J]. 探矿工程(岩土钻掘工程)，2013，40(7)：113 -116.

[71] 缪树良. 热压金刚石地质钻头用石墨模具[J]. 探矿工程(岩土钻掘工程)，2009，21(5)：18 -22.

[72] 张义东. 金刚石钻头烧结工艺[D]. 长沙：中南大学，2010.

[73] 孟凡爱，刘英凯. 粉末制粒工艺在金刚石工具制造中的应用研究[J]. 粉末冶金技术，2009，21(5)：18 -22.

[74] 胡郁乐，张晓茜. 深部钻探绳索取芯孕镶金刚石钻头的关键技术[J]. 金刚石与磨具磨料工程，2011，21(4)：54 -57.

[75] 孙友宏. 孕镶金刚石钻头水口材料及其制备方法：中国，102503426A[P]. 2012 -6 -20.

[76] 方小红. 超声波电镀镍基金刚石钻头工艺与机理研究[D]. 武汉：中国地质大学(武汉)，2008.

[77] 徐晓军，李世京. 坚硬致密弱研磨性岩层金刚石钻进技术[M]. 地质出版社. 1989：15 -18.

[78] 张春波. 绳索取芯金刚石钻进技术[M]. 北京：地质出版社. 1985：27 -28.

[79] H. И. 科尔尼洛夫. 金刚石钻头高转数钻进工艺[M]. 北京：地质出版社. 1982：45 -48.

[80] 卡明(Cumming，J. D.). 金刚石钻探手册[M]. 北京：地质出版社. 1983：35 -36.

[81] 屠厚泽，高 森. 岩石破碎学[M]. 北京：地质出版社. 1990：25 -26.

[82] Borri - Brunetto A，Carpinteri A，Invernizzi S. Characterization and mechanical modelling of the abrasion properties of sintered tools with embedded hard particles [J]. Wear，2003，254：

635 - 64.

[83] 王利.岩石塑性损伤模型及应用研究[D].北京：北京科技大学，2006.

[84] 汤凤林.岩芯钻探学[M].武汉：中国地质大学出版社.2012：245 - 247.

[85] 高超.特种车辆高性能轻质符合构件的加工技术研究[D].南京：南京理工大学，2011.

[86] Gao Ke, Sun Youhong. Application and prospect of bionic non - smooth theory in drilling engineering [J]. Petroleum Exploration and Development, 2009, 36(4): 519 - 522.

[87] 张绍和.金刚石与金刚石工具[M].长沙：中南大学出版社.2005：135 - 136.

[88] 谭松成，段隆臣.热压孕镶金刚石钻头偏磨的影响因素分析[J].粉末冶金材料科学与工程，2013，18(4)：609 - 611.

[89] 蒋青光，张绍和.深部岩芯钻探孕镶金刚石钻头参数设计机理探讨[J].探矿工程(岩土钻掘工程)，2012，38(12)：58 - 62.

[90] 鲁凡.金刚石粒度与钻进速度的定量关系[J].中南工业大学学报，1997，28(5)：414 - 416.

[91] 潘秉锁，史冬梅，杨凯华.金刚石粒度对孕镶金刚石钻头性能的影响[J].煤田地质与勘探，2002，30(3)：62 - 64.

[92] 张士军.钻进“打滑地层”时的钻头与钻具的选择及使用[J].吉林地质.2010，45(3)：122 - 124.

[93] A. Ersoy, M. D. Waller. Wear characteristics of core bits in rock drilling[J]. Wear. 1995, 88(2): 150 - 165.

[94] 高超，袁军堂.工程陶瓷用孕镶金刚石钻头的性能优化[J].南京理工大学学报(自然科学版).2011，35(3)：415 - 418.

[95] AKIRA E Present state and future prospects of powdermetallurgy pans for automotive applications [J]. Materials Chemistyr andPhysics, 2009, 67: 298 - 301.

[96] Hanada K. Effective thermal properties of diamond particle - dispersed Ti composites[J]. J Mater Process Technol. 2004, 24(1): 153 - 156.

[97] Wang Chuanliu. Experimental Study on Matrix Wear Resistance of Bionic Coupling Bits [C]. 2014 International (China) Geological Engineering Drilling Technology Conference. 2014: 98 - 102.

[98] 郑超.进一步提升金刚石钻头设计制造水平的思考[J].超硬材料工程.2010，47(2)：40 - 44.

[99] 陆望龙.典型液压元件结构600例[M].北京：化学工业出版社.2009：105 - 106.

[100] 董林福，赵艳春.液压元件与系统识图[M].北京：化学工业出版社.2009：112 - 113.

[101] 韩桂华，时玄宇.液压系统设计技巧与禁忌[M].北京：机械工业出版社.2012：101 - 103.

[102] 黄志坚.液压元件安装调试与故障维修：图解·案例[M].北京：冶金工业出版社.2013：71 - 73.

[103] 方小红，杨凯华.极端顶点设计在热压金刚石工具胎体配方试验中的应用[J].金刚石与磨具磨料工程.2008，34(2)：33 - 36.

[104] 徐可忠. 基于极端顶点设计条件下的混料设计在柴油调合中的应用[J]. 炼油技术与工程. 2007, 37(2): 443 -48.

[105] 谢宇. 回归分析[M]. 北京: 社会科学文献出版社. 2013: 104 -106.

[106] 董洪峰, 路阳. 不同烧结工艺制备的 Fe 基孕镶金刚石磨头结构摩擦磨损性能[J]. 粉末冶金与材料科学工程. 2013, 18(1): 125 -131.

[107] Zahra Omidi, Ali Ghasemi, Saeed Reza Bakhshi. Synthesis and characterization of SiC ultrafine particles by means of sol - gel and carbothermal reduction methods[J]. Ceramics International. 2015, 41(1): 5779 -5784.

[108] 陈华辉, 刑建东. 耐磨材料应用手册[M]. 北京: 机械工业出版社. 2006: 39 -44.

[109] 李国民. 绳索取芯钻探技术[M]. 北京: 冶金工业出版社. 2013: 2 -4.

[110] 鲁玉庆. 煤田钻探绳索取芯工艺的探讨[J]. 金刚石与磨具磨料工程. 2008, 27(4): 37 -40.

[111] Aitor Arriaga, Rikardo Pagaldai, Ane Miren Zaldua. Impact testing and simulation of a polypropylene component. Correlation with strain rate sensitive constitutive models in ANSYS and LS - DYNA[J]. Polymer Testing. 2010, 29(2): 170 -180.

[112] G. M. Sayeed Ahmed, Hakeemuddin Ahmed, Mohd Viquar Mohiuddin. Experimental Evaluation of Springback in Mild Steel and its Validation Using LS - DYNA[J]. Procedia Materials Science. 2010, 31(6): 1376 -1385.

[113] 杨道合. 科学超深井过程中碎岩方法与孕镶金刚石取芯钻头的预研究. [D]. 武汉: 中国地质大学(武汉), 2012.

[114] 章文娇. 钎焊 - 热压多层有序排列金刚石钻头的研究[D]. 武汉: 中国地质大学(武汉), 2012.

[115] Rebecca J Blatt, Adam N Clark, Jama Courtney. Automated quantitative analysis of angiogenesis in the rat aorta model using image pro plus[J]. Computer Methods and Programs in Biomedicine. 2009, 75(1): 75 -79.

[116] 王佳亮. 胎体式复合片钻头保径方式的研究[D]. 长沙: 中国大学, 2011.

[117] 张绍和. 金刚石与金刚石工具知识问答 1000 例[M]. 长沙: 中南大学出版社. 2008: 79 -82.

[118] Parisa Tahvildarian, Farhad Ein - Mozaffari. Circulation intensity and axial dispersion of non - cohesive solid particles in a V - blender via DEM simulation[J]. Particuology. 2013, 11(6): 619 -622.

[119] 孙毓超. 金刚石工具与金属学基础[M]. 北京: 中国建材工业出版社. 1999: 179 -182.

[120] M. Yahiaoui, J. - Y. Paris, J. Denape, C. Wear mechanisms of WC - Co drill bit inserts against alumina counterface under dry friction: Part 2 - Graded WC - Co inserts [J]. International Journal of Refractory Metals and Hard Materials. 2015, 48(1): 65 -73.

[121] GaoChao, YuanJuntang. Effieient drilling of holes in Al_2O_3: armor ceramic using Impregnated diamond bits[J]. Journal of Materials Processing Technology. 2011, 211(11): 1719 -1728.

[122] 方啸虎. 现代超硬材料与制品[M]. 杭州: 浙江大学出版社. 2012: 134 -335.

[123] Mostofi M, Franca LFP, Richard T. Drilling response of impregnated diamond bits: an experimental investigation. In: 47thUS rock mechanics/geomechanics symposium. San Francisco; 23 - 26 June 2013.

[124] 庞丰, 段隆臣, 童牧, 等. 钻进打滑地层时造孔剂对镶金刚石钻头性能的影响[J]. 粉末冶金材料科学与工程. 2014, 19(5): 790 - 798.

[125] L. F. P. Franca, M. Mostofi, T. Richard. Interface laws for impregnated diamond tools for a given state of wear[J]. International Journal of Rock Mechanics and Mining Sciences. 2015, 73(1): 184 - 193.

[126] 王传留, 孙友宏. 仿生耦合孕镶金刚石钻头的试验及碎岩机理分析[J]. 中南大学学报(自然科学版). 2011, 42(5): 1321 - 1325.

[127] ChaoGao, JuntangYuan, HaoJin. Wear Characteristics of Impregnated Diamond Bit in Drilling Armor Ceramic[J]. Advanced Materials Research. 2011, 62(2): 1150 - 1155.

图书在版编目(CIP)数据

弱化胎体耐磨损性的金刚石钻头/王佳亮,张绍和著.
—长沙:中南大学出版社,2016.1
ISBN 978-7-5487-2246-5

Ⅰ.弱... Ⅱ.①王...②张... Ⅲ.金刚石钻头-研究
Ⅳ.P634.4

中国版本图书馆 CIP 数据核字(2016)第 093823 号

弱化胎体耐磨损性的金刚石钻头

RUOHUA TAITI NAIMOSUNXING DE JINGANGSHI ZUANTOU

王佳亮 张绍和 著

□责任编辑 刘小沛 胡业民
□责任印制 易红卫
□出版发行 中南大学出版社
社址:长沙市麓山南路 邮编:410083
发行科电话:0731-88876770 传真:0731-88710482
□印 装 长沙超峰印刷有限公司

□开 本 720×1000 1/16 □印张 9 □字数 173 千字
□版 次 2016 年 1 月第 1 版 □印次 2016 年 1 月第 1 次印刷
□书 号 ISBN 978-7-5487-2246-5
□定 价 50.00 元